决策咨询系列

国家科学思想库

中国科学家思想录

第四辑

中国科学院

科学出版社
北京

图书在版编目(CIP)数据

中国科学家思想录·第四辑／中国科学院编．—北京：科学出版社，2013.1

（中国科学家思想录）

ISBN 978-7-03-036137-0

Ⅰ.①中…　Ⅱ.①中…　Ⅲ.①自然科学－学术思想－研究－中国　Ⅳ.①N12

中国版本图书馆 CIP 数据核字（2012）第 293038 号

丛书策划：胡升华　侯俊琳

责任编辑：郭勇斌　卜　新／责任校对：朱光兰

责任印制：赵德静／封面设计：黄华斌

编辑部电话：010-64035853

E-mail：houjunlin@mail.sciencep.com

科学出版社 出版

北京东黄城根北街 16 号

邮政编码：100717

http://www.sciencep.com

中国科学院印刷厂 印刷

科学出版社发行　各地新华书店经销

*

2013 年 3 月第　一　版　开本：B5（720×1000）

2013 年 4 月第二次印刷　印张：12 1/2

字数：258 000

定价：58.00 元

（如有印装质量问题，我社负责调换）

从 书 序

白春礼

中国科学院作为国家科学思想库，长期以来，组织广大院士开展战略研究和决策咨询，完成了一系列咨询报告和院士建议。这些报告和建议从科学家的视角，以科学严谨的方法，讨论了我国科学技术的发展方向、与国家经济社会发展相关联的重大科技问题和政策，以及若干社会公众广为关注的问题，为国家宏观决策提供了重要的科学依据和政策建议，受到党中央和国务院的高度重视。本套丛书按年度汇编1998年以来中国科学院学部完成的咨询报告和院士建议，旨在将这些思想成果服务于社会，科学地引导公众。

当今世界正在发生大变革大调整，新科技革命的曙光已经显现，我国经济社会发展也正处在重要的转型期，转变经济发展方式、实现科学发展越来越需要我国科技加快从跟踪为主向创新跨越转变。在这样一个关键时期，出思想尤为重要。中国科学院作为国家科学思想库，必须依靠自己的智慧和科学的思考，在把握我国科学的发展方向、选择战略性新兴产业的关键核心技术、突破资源瓶颈和生态环境约束、破解社会转型时期复杂社会矛盾、建立与世界更加和谐的关系等方面发挥更大作用。

思想解放是人类社会大变革的前奏。近代以来，文艺复兴和思想启蒙运动极大地解放了思想，引发了科学革命和工业革命，开启了人类现代化进程。我国改革开放的伟大实践，源于关于真理标准的大讨论，这一讨论确立了我党解放思想实事求是的思想路线，极大地激发了中国人民的聪明才智，创造了世界发展史上的又一奇迹。当前，我国正处在现代化建设的关键时期，进一步解放思想，多出科学思想，多出战略思想，多出深刻思想，比以往任何时期都更加紧迫，更加重要。

思想创新是创新驱动发展的源泉。一部人类文明史，本质上是人类不断思考世界、认识世界到改造世界的历史。一部人类科学史，本质上是人类不断思考自然、认识自然到驾驭自然的历史。反思我们走过的历程，尽管我国在经济建设方面取得了举世瞩目的成就，科技发展也取得了长足的进步，但从思想角度看，我们的经济发展更多地借鉴了人类发展的成功经验，我们的科技发展主要是跟踪世界科技发展前沿，真正中国原创的思想还比较少，“钱学森之问”仍在困扰和拷问着我们。当前我国确立了创新驱动发展的道路，这是一条世界各国都在探索的道路，并无成功经验可以借鉴，需要我们在实践中自主创新。当前我国科技正处在创新跨越的起点，而原创能力已成为制约发展的瓶颈，需要科技界大幅提升思想创新的能力。

思想繁荣是社会和谐的基础。和谐基于相互理解，理解源于思想交流，建设社会主义和谐社会需要思想繁荣。思想繁荣需要提倡学术自由，学术自由需要鼓励学术争鸣，学术争鸣需要批判思维，批判思维需要独立思考。当前我国正处于社会转型期，各种复杂矛盾交织，需要国家采取适当的政策和措施予以解决，但思想繁荣是治本之策。思想繁荣也是我国社会主义文化大发展大繁荣应有之义。

正是基于上述思考，我们把“出思想”和“出成果”、“出人才”并列作为中国科学院新时期的战略使命。面对国家和人民的殷切期望，面对科技创新跨越的机遇与挑战，我们要进一步对国家科学思想库建设加以系统谋划、整体布局，切实加强咨询研究、战略研究和学术研究，努力取得更多的富有科学性、前瞻性、系统性和可操作性的思想成果，为国家宏观决策提供咨询建议和科学依据，为社会公众提供科学思想和精神食粮。

前　言

为国家宏观决策和科学引导公众提供咨询意见、科学依据和政策建议，是中国科学院学部作为国家在科学技术方面最高咨询机构的职责要求，也是学部发挥国家科学思想库作用的主要体现。

长期以来，学部和广大院士围绕我国经济社会可持续发展、科技发展前沿领域和体制机制、应对全球性重大挑战等重大问题，开展战略研究和决策咨询，形成了许多咨询报告和院士建议。这些咨询报告和院士建议为国家宏观决策提供了重要参考依据，许多已经被采纳并成为公共政策。将学部咨询报告和院士建议公开出版发行，对于社会公众了解学部咨询评议工作、理解国家相关政策无疑是有帮助的，对于传承、传播院士们的科学思想和为学精神也大有裨益。

本丛书汇编了1998年以来的学部咨询报告和院士建议。自2009年5月开始启动出版以来，院士工作局和科学出版社密切合作，将每份文稿分别寄送相关院士征询意见、审读把关。丛书的出版得到了广大院士的热情鼓励和大力支持，并经过出版社诸位同志的辛勤编辑、设计和校对，现终于与广大读者见面了。

希望本丛书能让广大读者了解学部加强国家科学思想库建设所作出的不懈努力，了解广大院士为国家决策发挥参谋、咨询作用提供的诸多可资借鉴的宝贵资料，也期待着广大读者对丛书和以后学部的相关出版工作提出宝贵意见。

中国科学院院士工作局

二〇一二年十一月

目　录

我国物理学与其他学科交叉的现状、问题及对策

王乃彦　等

物理学是人类不断认识自然界的重要基础学科，物理学的研究及其应用一直是并将继续是科学和技术发展的一个重要基础。为应对21世纪各种挑战（如能源短缺、环境保护及大众健康等），物理学将发挥重要的作用。众所周知，20世纪初叶发生了以相对论与量子力学为标志的物理学革命。前者使人类对宇宙存在的历史、时间和空间有了革命性的认识，产生了核能的利用；后者使物理学、化学、生物学、地学发生了革命性的变化。20世纪后半叶，正是由于一批物理学家、化学家进入生物学研究领域，发现了DNA双螺旋结构，才导致了分子生物学的诞生，为人类从分子水平认识生命过程提供了坚实的物理基础，也为农业、林业、医学、环保等领域提供了新的发展途径。21世纪新涌现的科学技术，如纳米科学技术、信息技术、能源开发以及生物技术等，都是由物理学基础研究及其应用所驱动。

为促进物理学与众多学科的交叉融合，推动21世纪我国物理学的发展，中国科学院数学物理学部组织有关院士、专家成立咨询组，就我国物理学与其他学科交叉的主要相关领域的现状、问题与对策进行了深入、全面的调查研究，完成了本文。

我们认为，在我国需要自主创新、加快发展科学和技术的新时期里，要加强物理学与材料科学、能源科学、信息科学、生命科学等的交叉与融合，关注新的发展，及时抓住机遇。本文就强激光核物理、核科学技术和生命科学、量子纳米科学、量子信息、理论生物物理和生物信息学、软物质物理六个方面进行阐述，并提出建议。

一、强激光核物理

最近10年，激光技术有了显著的进展，激光功率密度已超过10^{21}瓦/厘米^2，电场强度达到1.2×10^{12}伏/厘米，比氢原子中电子波尔轨道上的库仑场大240

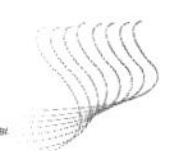

倍。在未来 10 年中，激光功率密度可能会提高到 10^{26} ~10^{28} 瓦/厘米^2，这样高强度的激光将产生极高的加速电场（2×10^{14} ~2×10^{15} 伏/厘米），可以将粒子加速到很高的能量。高功率超短脉冲激光技术的发展，在实验室中创造了前所未有的极端物态条件，如高电场、强磁场、高能量密度、高光压、高的电子抖动能量和高的电子加速度。这种极端的物理条件，目前只有在核爆中心、恒星内部、黑洞边缘才能存在。在超强激光和物质的相互作用中，产生了高度的非线性和相对论效应。在小型太瓦级强激光的强电场作用下，所有的原子都会在极短的时间内被电离，产生从几兆电子伏到几十兆电子伏的电子、质子、中子以及韧致辐射，这些粒子可以产生核反应。超强激光脉冲开辟了崭新的物理学领域，也为多个交叉学科前沿研究领域带来了历史性机遇和拓展空间，并将成为研究核物理、粒子物理、引力物理、非线性场论、超高压物理和天体物理等的一个有力工具。

目前具有超短超强激光装置的研究单位并不少，但将它们运行好、做出好的物理工作成果的还不多。同时，存在一个问题，即研究强激光技术的专家，一般光学的基础和造诣比较好，但对等离子体物理尤其是核物理、高能物理的了解就少一些；核物理、粒子物理的专家对超强超短激光的最新进展缺乏了解。这就需要发展强激光核物理这一交叉学科。

建议：为专家们的交流和讨论提供更多的机会和更好的条件；国家自然科学基金委员会和科技部“973”计划的前沿基础研究能对这类前沿交叉基础研究内容给以立项支持；完善超强激光装置的诊断测试设备，培养有经验的维护技术人员，保证开展有意义的物理研究。

二、核科学技术和生命科学

核科学技术以核性质、核反应、核效应、核辐射、核谱学和核装置为基础。当今核科学技术和非核科学技术相互渗透，相互促进，已形成众多交叉学科，如核医学、核药物学、放射生态学、辐射生物学、核农学、环境放射化学等，重点是与生命科学的交叉。当前重大研究方向包括：新型核方法尤其是可用于超微量、微区、实时和化学种态的核检测方法的建立；分子核医学用于脑功能、癌症和心血管疾病的诊断和治疗；用同位素示踪技术研究癌细胞的生长、繁殖、转移和凋亡；离子束生物效应的机制研究及其与生命起源的关系；辐射生物和环境毒理学的研究；用同步辐射 X 射线衍射和中子散射等方法测定蛋白质的结构，满足蛋白质组学发展的需求；用新型自由电子激光研究生命科学中的许多重要课题；等等。民用核技术具有巨大的经济效益。中国 2005 年民用核技术产值约 300 亿元。其中，核电产值约 200 亿元。而美国 1995 年民用核技术产值就高达 3310 亿美元，并提供了 400 万个工作岗位。其中，核电产值 900 亿美元，提供 40 万个工作岗位。

20 世纪 80 年代以来，我国的核科学技术基本上是走下坡路。主要标志是：

1）设置核科学技术专业的高等院校数目下降。

2）就读核科学技术专业的学生数量急遽减少。

3）核科学技术专业人才大量流失。近年来，核技术专业本科生和研究生的数量和质量都无法满足社会的需求，更不能适应我国未来发展核电、国家安全、核技术应用的需要。

4）放射性和辐射防护科普宣传和教育薄弱。社会公众对核科学技术缺乏正确了解，对核辐射产生不必要的恐惧。加强核科学技术发展的关键是人才，而人才的基础是教育。

建议：吸引和鼓励青年学生学习核科学技术专业，加强核科学技术的大学本科和研究生教育，在一些重点大学开设核科学技术和生命科学、环境医学等交叉学科的专业，加强放射性和辐射防护的研究和教育，加强核技术相关仪器等设备的研制和产业化。

三、量子纳米科学

量子纳米科学是纳米科学的重要部分。纳米材料分为两类：第一类是基于量子效应的纳米材料和结构，称为量子纳米材料，主要由半导体组成。第二类主要是利用纳米材料的表面和界面效应，称为工业纳米材料。工业纳米材料在化工、陶瓷、建材和医药等领域中已经有许多应用，产生巨大的经济效益。量子纳米结构的电子、光子和微机械将成为下一代量子微电子和光电子器件的核心。它与电子学、光电子学以及通信技术、计算机技术密切相关，将在 21 世纪引起一场新的技术革命。2000 年美国发布的《国家纳米技术发展计划》指出：“纳米结构将孕育一场信息技术硬件的革命，类似于 30 年前那一场微电子革命，半导体电子学取代了真空管电子学。”未来的纳米器件将几百万倍地提高计算机的速度和效率，极大地增加存储量（达 10^{12} 比特），通信系统的带宽将增加 100 倍，平面显示器将比现在的显示器亮度提高 100 倍，生物和非生物器件集成到一个相互作用系统，将产生新一代的传感器、处理器和纳米器件。

目前存在的问题是：对发展纳米科学的认识具有片面性，对量子纳米科学的重视和投入不足，存在以下倾向：重短期行为，轻长期基础研究；重材料制备，轻物理、化学、生物等物性的深入研究和纳米器件的设计、制造和应用；重单个器件的研究，轻器件的集成；重单学科的研究，轻综合性的、多学科的交叉研究；等等。实际上，量子纳米科学目前虽然还没有进入大量应用阶段，但是从长远来说，它对未来的信息高技术产业将产生重大影响。

建议：对量子纳米科学给予足够的重视，加强对量子纳米科学研究的投入和有关平台建设，鼓励多学科交叉。在制备和发展纳米材料的同时，加强对纳米材料物性以及纳米器件的研究。

四、量 子 信 息

量子信息是利用量子态作为信息载体进行信息存储、处理、计算和传送的一门学科，它能完成经典信息系统难以胜任的高速计算、大容量信息传输通信和安全保密等信息处理任务。它是量子物理与信息科学、计算机科学形成的交叉领域，主要包括量子计算、量子通信和量子密码学。量子信息的研究特别是量子计算的研究，将可能为突破传统计算机芯片的尺度极限提供新启示和革命性解决方案，从而导致未来计算机构架体系的根本性变革。量子信息的研究不只是两个不同学科的简单交叉，它涉及怎样从物理学的角度，在物质科学层面上深入理解什么是信息、什么是物质、能量和信息关系等基础性问题。反过来，这些问题的解决也有助于推动量子物理的发展。近年由于量子信息的深入研究，在新的实验技术平台上，许多量子力学原理上的一些争论得以检验和进一步澄清。

我国的量子信息研究虽然取得了一些有国际影响的结果，但总体水平与国际量子信息研究还有一段距离，主要问题是：

1）原理方面缺少原始创新的理论，实现固态量子计算和量子信息处理的研究还刚开始。

2）实验研究工作的布局不合理，实验工作大多集中在光学系统，一定程度上造成技术设备和研究人员的重复投入。

3）与计算机科学和数学方面的交叉不够。

建议：加强固态系统的量子计算理论和实验研究，把固态量子计算研究作为未来量子信息研究的主攻方向；促进物理学与信息、计算机科学的交叉，鼓励更多数学家和信息学家投身于量子信息的研究；加强以实际应用为目标的量子密码学和量子通信研究；加强基础理论的研究，鼓励具有原始创新性的研究工作。

五、理论生物物理学和生物信息学

传统生物物理学发展面临许多新的问题，现有的观念和方法难以解决这些新问题，因此理论生物物理学应运而生。基因研究的最新成果向物理学提出了与生命过程联系更为深刻的课题，如 DNA 和染色质的力学性质在基因转录调控中的作用，如何理解细胞中 DNA 超螺旋、分子马达运转、核仁形成和染色体包装等多种非平衡过程的物理机制及其生物学效应等。理论上研究大分子在生物体内的结构有可能带来重大突破。理论生物物理的另一个重要研究方向是与非线性物理、复杂性科学的交叉。随着分子生物学向定量研究的深入开展，已经积累了大量蛋白质相互作用与基因调控机制的信息，这使得从整体角度定量研究生物动力学系统成为可能。从蛋白质相互作用与基因调控网络出发，研究生物网络的拓扑性质、动力学性质、生物功能及它们之间的相互关系，是理论生物物理的一个重要研究内容。生物信息学的方法正在渗透到分子结构预测以及生物网络拓扑结构的分析中，有望在细胞生物学和生物物理学中发挥作用。

目前，我国的理论生物物理研究的基础比较薄弱，人才比较缺乏。

建议：在一些重点高等学校物理系和相关研究所，成立以研究基础生命理论问题为中心的实验室，建立研究模式生物的实验平台，培养硕士和博士研究生；加大对交叉学科的支持，提供合理比例的经费，提供交叉学科创新群体平台，近年应设立若干项目，给以重点支持。

六、软物质物理

软物质是指处于固体和理想流体之间的物质。它一般由大分子或基团组成，如液晶、聚合物、胶体、膜、双亲体系、泡沫、颗粒物质、生命体系物质等。软物质中的复杂相互作用和流体热涨落导致了它的特殊性质。它的基本特性是对外界微小作用的敏感和非线性响应、自组织行为等。软物质在自然界、日常生活和工业生产中广泛存在。另一方面，生物体基本由软物质组成，如 DNA、蛋白、细胞、体液等。对软物质的深入研究将对生命科学、化学化工、医药、食品、材料、环境、清洁工程等领域及人们日常生活有广泛影响。

我国软物质物理研究起步较晚，没有受到应有的重视，软物质物理和液体物理的研究几乎处于空白状态。

建议：在一些重点高校物理系和相关研究所成立软物质物理研究组、研究室，开展软物质物理研究，培养研究生；通过举办软物质物理讲习班、暑期学校和研讨会等方式普及和推广软物质研究；加大对软物质物理研究的支持，提供合理比例的经费。近年应设立若干项目，给以重点支持。

七、问题和建议

综上所述，我国近代科学主要从西方输入，经几代科学家近百年前赴后继的奋斗，我国的科学水平已经有了长足的发展和进步，但仍然比较落后。21 世纪交叉学科的发展，为世界各国都提供了新的机遇。如果决策部门能够未雨绸缪，加强对交叉学科发展的支持与部署，中国在物理科学上的崛起——后来者居上是

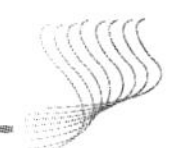

完全有可能的。

目前存在的普遍问题：

1）交叉学科的发展缺乏系统规划，缺少具体支持措施。

2）学科之间的交叉研究还停留在低层次的形式上，缺乏实质性融合。

3）现有的科技评价体系缺乏长远观念，不利于交叉学科发展。

4）交叉学科的人才培养缺乏计划，造成交叉学科人才短缺。

对策建议：

1）科技部、教育部、中国科学院、国家自然科学基金委员会等相关部门应加大对交叉学科的支持，制定可实施的发展交叉学科的中长期规划，提供合理比例的经费。近年设立若干项目，给以重点支持。

2）在一些研究型高校和相关研究所成立交叉学科研究中心，设立有关专业，开设相关课程，培养本科生和研究生。

3）建立有利于交叉学科发展的机制和相应的研究平台，鼓励不同领域的科研人员的合作，促进多学科交叉。

4）建立科学合理的科技评价体系，创造一个有利于交叉学科发展的环境。

5）开展国际学术交流，举办各种类型的讲习班、暑期学校和研讨会等，培训交叉学科研究人员。

附件　关于我国物理学与其他学科交叉的现状、问题及对策的调研报告

物理学是人类不断认识自然界的重要基础学科，物理学的研究及其应用一直是并将继续是科学和技术发展的一个重要基础。为应对21世纪各种挑战（如能源短缺、环境保护及大众健康等），物理学将发挥重要的作用。众所周知，20世纪初叶发生了以相对论与量子力学为标志的物理学革命。前者使人类对宇宙存在的历史、时间和空间有了革命性的认识，产生核能的利用；后者使物理学、化学、生物学、地学发生了革命性的变化。20世纪后半叶，正是由于一批物理学家、化学家进入生物学研究领域，发现了DNA双螺旋结构，才导致了分子生物学的诞生，为人类从分子水平认识生命过程提供了坚实的物理基础，也为农业、林业、医学、环保等领域提供了新的发展途径。21世纪新涌现的科学技术，如纳米科学技术、信息技术、能源开发以及生物技术等，都是由物理学基础研究及其应用所驱动。

为应对物理学与众多学科交叉融合的迅猛发展，促进21世纪我国物理学的发展，中国科学院数理学部组织有关院士专家就我国物理学与其他学科交叉的主要相关领域的现状、问题及对策进行了深入、全面的调查研究，完成了本报告。

我们认为，在我国需要自主创新、加快发展科学和技术的新时期里，要加强物理学与材料科学、能源科学、信息科学、生命科学等的交叉与融合，关注新的发展，抓住新的机遇。报告主要在下列六个方面（强激光核物理、核科学技术和生命科学、量子纳米科学、量子信息、理论生物物理和生物信息学、软物质物理）进行阐述，建议予以关注。

（一）强激光核物理

1. 研究领域界定、背景和特点

最近10年，激光技术有了显著的进展，激光功率密度已超过10^{21}瓦/厘米^2，电场强度达到1.2×10^{12}伏/厘米，比氢原子中电子波尔轨道上的库仑场大240倍，相当于在原子尺度大小上加上约10千伏的电压，在原子核尺度大小上加上约0.12伏的电压。在这种很强的电场作用下，所有的原子都会在极短的时间内被电离，产生从几兆电子伏到几十兆电子伏的电子、质子、中子以及韧致辐射，这些粒子可以产生核反应，从而开辟了核物理以及非线性相对论光学研究的新领域。

在今后10年中，激光功率密度可能会提高到$10^{26}\sim10^{28}$瓦/厘米^2，这样高强度的激光可以产生极高的加速电场（$2\times10^{14}\sim2\times10^{15}$伏/厘米），可以将粒子加速到很高的能量。高功率超短脉冲激光技术的发展，在实验室中创造了前所未有的极端物态条件，如高电场、强磁场、高能量密度、高光压、高的电子抖动能量和高的电子加速度。这种极端的物理条件，目前只有在核爆中心、恒星内部、黑洞边缘才能存在。在强激光和物质的相互作用中，产生了高度的非线性和相对论效应。强激光脉冲开辟了崭新的物理学领域，也为多个交叉学科前沿研究领域带来了历史性机遇和拓展空间，并将成为研究粒子物理、引力物理、非线性场论、超高压物理、天体物理和宇宙线等的一个有力工具。

2. 国内外研究现状

当前，国际社会已经在一些实验室中建立了几十太瓦到1拍瓦的激光系统。20世纪80年代中期以前，激光的强度长期停留在10^{14}瓦/厘米^{2}左右，这是由于非线性吸收效应随着激光强度的增加而迅速增强。80年代中期后，由于采用了啁啾脉冲放大技术（chirped pulse amplification，CPA），激光强度提高6~7个数量级。在CPA技术中，一个飞秒或皮秒脉冲通过色散的光栅在时间尺度将它展宽了3~4个数量级，这样就避免了在很高强度时由于非线性效应产生光学放

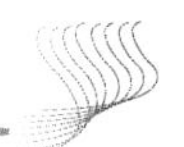

大器件损伤和放大饱和现象。经过放大后，再由另一光栅将脉冲宽度压缩回飞秒或皮秒宽度，以获得 10^{19} ~10^{21} 瓦/厘米^2 的靶上功率密度。法国光学应用研究所，瑞典隆德大学，德国 Marx-Plank 大学、耶拿大学，日本原子能研究所（JAERI）和中国工程物理研究院、中国科学院上海光学精密机械研究所、中国科学院物理研究所等都建有 CPA 超短脉冲太瓦级激光装置。日本原子能研究所采用变形镜和 CPA 相结合的技术，运用低 f 值的抛物面镜将激光聚焦于1 毫米的斑点，可以进一步提高焦斑上的功率密度，但是由于放大介质的单位面积上的饱和能量通量和光学元件的损伤阈值的限制，单位面积上最大的光强度约为 10^{23} 瓦/厘米^2。美国劳伦斯·利弗莫尔国家实验室（LLNL）正在计划建造 10^{18} 瓦和 10^{21} 瓦激光装置，以期获得 10^{26} ~10^{28} 瓦/厘米^2 靶上功率密度。

超短超强的激光可以引起许多核反应，举例如下：

1）产生高能电子。运用强激光在等离子体中产生的尾场去加速电子，当激光强度大于 10^{18} 瓦/厘米^2 时，在激光电场做抖动的电子可以达到很高的能量，产生了相对论等离子体。例如，用一台紧凑型重复频率激光器可以产生 200 兆电子伏的电子。这种激光等离子体型加速器具有比通常电子加速器高出 1000 倍的加速梯度，即达到吉伏/米。运用高强度、单次脉冲的激光也获得了 100 兆电子伏的电子，并测量到它的韧致辐射。

2）产生质子束。现正在探索运用这些质子束产生正电子发射层面 X 射线照相术（positron emission tomography，PET）所需要的短寿命正电子放射源。一种用激光来产生的小型化经济质子产生器有望在未来用于质子治癌。

3）产生正电子。运用超短超强激光直接产生正电子已在英国卢瑟福实验室实现，他们用重复频率的太瓦级的激光，打在高 Z 元素的靶上得到每脉冲2×10^7 个正电子，它对于基础研究和材料科学很有用途。

4）产生中子。通过超短超强激光和氘团簇的相互作用，产生聚变反应中子，产额可以达到 10^5 个中子/焦。激光产生中子的能量效率已达到世界上大型的激光装置的水平，它可以成为台面的中子源。由于其中子脉冲通量高，但总的中子剂量很小，适合于生物活体的中子照相和材料科学的研究。

5）产生硬 X 射线。运用超短超强的激光在相对论性的电子上的散射，产生几百飞秒、几十埃的硬 X 射线，可以用来研究材料和生命科学的一些问题。这种超快的硬 X 射线源对于研究一些高 Z 物质和时间分辨的超快现象具有重要的意义。超短超强激光所产生的高能电子，在物质中产生高能 X 射线，可以在裂变物质铀中引起裂变，并在裂变靶中探测到许多裂变产物。

在激光强度达到 10^{28} 瓦/厘米^2 时，电场强度只比 Schwinger 场（真空击穿场强）低 1 个数量级。在这样的场中由于真空的涨落被激化，激光就有可能从真空中产生正负电子对。美国 Lawrence Berkerly 实验室在斯坦福线性加速器中心

(SLAC)高能加速器用10^{18}瓦/厘米^{2}激光束和聚焦性能很好的46.6吉电子伏电子束相碰撞，产生200多个正负电子对。这是由于：在反向相碰的电子和激光中，从电子坐标系来看，激光场强增强了Lorentz因子，以至于可以远远地超过Schwinger值，直接从真空中产生正负电子对。

3. 新的科学研究的内容、新的交叉点

(1)激光产生高能电子

产生高能电子的机制有两种：第一种是在激光场作用下，电子抖动运动，在激光强度$I=10^{20}$瓦/厘米^{2}时，电子抖动运动能量可达到10兆电子伏；第二种是由非线性效应所产生的能量比较高的部分。用300焦、0.5皮秒的激光照射在厚的金靶上测量到的电子能谱分布基本上由两个部分组成，一部分是由于有质动力产生的，它的能量在20~30兆电子伏以下，还有一部分就是由非线性效应产生的几十兆电子伏以至100兆电子伏以上的高能量的电子。

当激光的强度增加，光波的压力变得很大，光压推着电子往前走，光波就像一个光子犁将等离子体中的电子推到脉冲的前面积累，形成电子的“雪犁”(snow plow)，在这种“雪犁”加速中电子的动能得到增益。在综合了光压作用和激光场的作用后，计算得到在激光强度为$I=10^{26}$瓦/厘米^{2}时，加速梯度可达200太电子伏/厘米，如果加速长度达到1米，电子能量能达到2×10^{16}电子伏。这些高能电子可以用来研究高能物理中的许多问题。但目前达到的加速距离很短，在激光强度为$I=10^{20}$瓦/厘米^{2}时，加速长度还不到1毫米。

(2)激光产生质子束

在激光等离子体中，在$I=10^{20}$瓦/厘米^{2}的情况下，加速梯度约为1兆伏/微米，质子被加速的距离为60微米左右，加速质子的能量可以高达58兆电子伏。如何增长加速距离成为非常重要的研究内容，加速质子的机制是相当复杂的，也提出了一些加速模型的设想。激光能量转换成质子束能量的效率是高的，而且和激光的能量有关。当激光脉冲为10焦，宽度为100飞秒时，转换效率为1%；当激光脉冲为500焦，宽度为500飞秒时转换效率为10%。人们已经获得了10^{13}质子/脉冲，相当于10^{25}质子/秒，即1.6×10^{5}安脉冲质子流。从理论到实验应该研究如何进一步提高能量转换效率的问题，尤其是当激光能量进一步提高时，是否还继续保持高转换效率。

实验上的研究结果已显示它具有很大的应用前景，表现在：

1)质子束的发散角比较小，观察到的横向发散角为0.5毫米·毫弧度，纵向发散角为兆电子伏/秒，比通常加速器上加速的质子束的发散角小。

2)高能质子束的获得可能会在今后的10年中实现。按照Bulanov等的计算

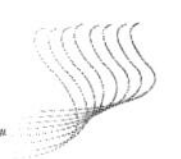

结果，在 $I=10^{23}$ 瓦/厘米^2 时，质子可以被加速到 1 吉电子伏以上。如果能达到足够长的加速距离，那么在 $I=10^{26}$ 瓦/厘米^2 和 10^{28} 瓦/厘米^2 时，质子能量可以分别达到 100 吉电子伏和 10 太电子伏。

3）目前已获得几十兆电子伏的质子束，已经用于为 PET 产生 ^{18}F 等短寿命的正电子源。英国 Rutherford 实验室 Vulcan 装置用 20 分钟制备了 10^9 贝可 ^{18}F 源，已经可以用在 PET 上。

4）产生 200 兆电子伏质子，可用于质子治癌。由于它在能量沉积性能上有优越性，以及整个装置可以做得小，成本低，所以在治癌运用上很有发展前景，并可应用于质子照相。

（3）激光产生中子

超短超强激光加热氘团簇产生核聚变，已经产生了 10^4 个中子/脉冲或 10^5 个中子/焦。Hilsher 等用钛宝石激光（300 毫焦，50 飞秒，10 赫，10^{18} 瓦/厘米^2）轰击氘化聚乙烯靶，产生 10^4 个中子/脉冲，每焦激光产生约 3.3×10^4 个中子。Disdier 等用 20 焦、400 飞秒、5×10^{14} 瓦激光辐照 CD_2 靶，获得 10^7 个中子，每焦激光产生了 5×10^5 个中子，这是很高的中子产额。他们还要用 500 焦、500 飞秒、1 皮瓦激光照射 CD_2，以获得更多的中子。从激光能量转换成中子的效率看，这与美国 LLNL 大型激光器 NOVA 的每焦激光的中子产额相当，比日本大阪大学大型激光装置 Gekko 12 的数值大一个数量级，因此是一种很有发展前景的桌面式中子发生器。因为这种中子源的时间宽度只有 1 皮秒，是一个高中子通量的中子源，可用于材料科学和中子照相。

氘的团簇在吸收了激光能量后要发生库仑爆炸，到现在为止对于库仑爆炸的机理尚不清楚，尤其是对团簇爆炸后产生的氘分子和氘的小团簇如何产生氘－氘聚变反应也缺乏细致的了解。在改进方面，还可以有发展的余地，如采用多束超短超强激光同时照射团簇，或用大于 50 太脉冲磁场去推迟热等离子体的解体时间，以增加中子产额。

在激光辐照 CD_2 平面靶时，除了要研究激光能量在 CD_2 靶上的能量沉积分布外，如何充分利用沉积能量是一个很重要的问题。沉积的能量有很大一部分要转变成等离子体的动能，在平面靶的情况下，如何设计靶面形状，最大限度地使等离子体的动能对 D-D 反应作贡献。

（4）激光产生硬的超短（约 100 飞秒）X 射线

用超短超强激光（50 毫焦，0.5 太瓦，100 飞秒）和 50 兆电子伏的电子束散射可以产生 4 纳米、300 飞秒硬 X 射线。虽然转换效率不高，但可以利用产生的 X 射线做时间分辨的材料研究。例如，在 Si 表面产生衍射峰，研究 Si 表面相变过程（固相→熔化）；研究蛋白质折叠动力学，蛋白质的折叠时间为 1000 纳秒，用 300 飞秒硬 X 射线可了解它的折叠过程。

（5）激光产生正电子

将具有几个兆电子伏的电子，经过很好地准直后，射到一个高 Z 靶上，通过 Trident 过程（$Z + e^- \longrightarrow Z' + 2e^- + e^+$）和 Bethe-Heitler 过程（$Z + r \to Z' + e^- + e^+ + r'$）产生正电子。采用重复频率的超短超强激光和高 Z 靶的相互作用，每脉冲可以产生 2×10^7 个正电子，经过慢化，储存在磁场中，它对于基础科学和材料科学的研究是很有用的。

4. 存在的主要问题和分析

这门新兴的交叉学科在国际上也只有三四年的历史，但发展十分迅速，研究激光技术和原子核物理的科学家们已经开始在一起召开学术研讨会，共同参加一些实验。由于它是一个新的生长点，比较快也比较容易发现一些新现象，所以合作的积极性也在日益增长。随着超短超强激光技术的发展，在粒子加速、核物理甚至粒子物理方面有可能做出一些很好的工作。

我国发展的情况有些滞后，学科之间的交叉和合作还没有真正形成，学科之间的了解、交流还不够，因此只在交叉学科的边缘做了一些工作。按照我国在激光技术和核物理方面的力量来说，应该有可能做出更多更好的工作。目前具有超短超强激光装置的研究单位并不少，但将其运行好、做出好的物理工作成果的还不多。

和国外相似，国内存在着一个问题，即搞强激光技术的专家，一般光学的基础和造诣比较好，比较容易在和光学的其他学科的交叉上做出很好的工作，但对等离子体物理尤其是核物理、高能物理的了解就少一些；核物理、粒子物理的专家对光学的最新进展缺乏了解。这就需要发展强激光核物理这一交叉学科。

从强场物理到超短超强激光技术，以及应用于各个领域，在世界上是基础科学和技术进步相互推动、相互作用的一个范例。基础研究的需求，以及光学科学的基础、非线性科学的基础等促进了超短超强激光技术的发展，而高强度激光的发展又为物理学的发展提供一个崭新的世界。

5. 政策和建议

1）建议为专家们的交流和讨论提供更多的机会和更好的条件，开好相关的学术讨论会。

2）建议国家自然科学基金委员会和科技部“973”计划的前沿基础研究能对这类前沿交叉基础研究内容给以立项支持。

（二）核科学技术和生命科学

1. 研究领域界定、背景和特点

核科学技术以核性质、核反应、核效应、核辐射、核谱学和核装置为基础。它有如下特征：

1）科学的技术化和技术的科学化。

2）军用与民用的重要性。它在国家安全和国民经济中的独特地位令人瞩目，任何低估核科学技术的思想和行为，都有可能对我国的长治久安以及经济和科学的持续发展带来严重的后果。它的相对保密性决定了这门学科的发展在很大程度上要放在自力更生的基础上。

3）交叉性。当今核科学技术和非核科学技术相互渗透，相互促进，已形成众多交叉学科，如核医学、核药物学、放射生态学、辐射生物学、核农学、环境放射化学等，重点是与生命科学的交叉。

4）巨大的经济效益。中国 2005 年民用核技术产值约 300 亿元。其中，核电产值约 200 亿元。而美国 1995 年民用核技术产值就高达 3310 亿美元，并提供了 400 万个工作岗位。其中，核电产值 900 亿美元，提供 40 万个工作岗位。

2. 交叉的重要性

核科学技术与生命科学的交叉实际上起源于核科学诞生之初，伦琴用 X 射线拍摄的世界上第一张照片就是他夫人的手部骨骼。核科学的基础研究已培育了众多的诺贝尔奖获得者，如 Hevesy（同位素示踪技术）、Libby（^{14}C 测年技术）、Mössbauer（穆斯堡尔谱学）、Shall 和 Brookhouse（中子散射与中子衍射技术）、Yalow 和 Berson（放射免疫法）、Calvin（用 ^{14}C 研究光合作用）、Bloc 和 Purcell（核磁共振谱学）等。其中，大部分与生命科学有关，充分反映了核科学技术与生命科学交叉的前沿性和重要性，它既推动了生命科学的迅猛发展，又促进了核科学技术本身的发展。

这方面的重大研究方向包括：新型核方法尤其是可用于超微量、微区、实时和化学种态的核检测方法的建立；分子核医学用于脑功能、癌症和心血管疾病的诊断和治疗；用同位素示踪技术研究癌细胞的生长、繁殖、转移和凋亡；离子束生物效应的机制研究及其与生命起源的关系；辐射生物和环境毒理学的研究；用同步辐射 X 射线衍射和中子散射等方法测定蛋白质的结构，满足蛋白质组学发展的需求；用新型自由电子激光研究生命科学中的许多重要课题，等等。

3. 新的交叉学科

核科学技术与生命科学的交叉内涵极广，根据当前科学发展趋势，主要的交叉点有下列4个方面。

（1）分子核医学

分子核医学是分子生物学和核医学的结合，利用核医学这一独特方法研究生物机体中分子水平的变化，从而了解机体功能的变化及其相应分子标志，并用于诊断和治疗有关疾病。这是当前医学科学的前沿，也是核医学中最活跃和最有发展前途的领域。当前分子核医学的发展趋势有3个方面：

1）中枢神经系统。

神经元之间信息的传递是实现脑功能的物理基础，信息传递的主要载体是特有的脑神经细胞受体。因此了解受体的活动对揭示脑功能的本质、药物的作用机理以及多种神经和精神性疾病的发病机理及其治疗作用有重要价值。对神经递质和受体显像以诊断脑神经系统疾病（包括阿尔茨海默病、帕金森病等），是分子核医学的独特优点，是其他方法无可比拟的，具有广阔的应用前景。研究的问题包括：制备具有高亲和力、高特异性、高比活度的理想放射性配体；研究正常人和神经、精神性患者的神经受体分布、亲和力和效力的变化；建立适合受体显像的生理数学模型和方法等。

2）心血管系统。

利用^{99m}Tc标记的化合物研究心血管系统已由科研走向临床，我国已于1988年应用于临床，迄今估计已有数万例临床检查。现在对冠心病诊断的敏感性为88%~96%，特异性为80%。今后的研究方向，一方面是合成新的心肌灌注显像剂，使其特异性更高，靶摄取率更好，使用更简便。另一方面是心肌梗死后残余存活心肌的评价。心肌梗死可造成一部分心肌坏死，但还有可能只引起部分心肌冬眠。这部分“冬眠”的心肌在临床上的表现与坏死一样，没有收缩功能，但一旦血流灌注恢复，其功能可完全恢复。因此，如何鉴别坏死心肌和冬眠心肌，对于治疗方案的确定具有极其重要的意义。目前可用的方法只有分子核医学显像技术。

3）肿瘤。

包括肿瘤代谢显像、生长激素抑制受体显像、细胞膜糖蛋白受体显像、抗肿瘤的单克隆抗体显像等。一种新的亲肿瘤核素或标记化合物显像交叉技术是利用人工合成的一段反义寡核苷酸序列，使之选择性结合到与之相应的基因（包括癌基因）上，达到基因诊断和治疗。放射性核素肿瘤治疗药物是当前核医学和放射

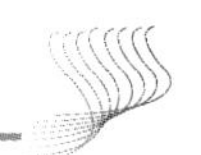

性药物的前沿领域，并已在肿瘤的治疗中取得了令人瞩目的成就。目前^{103}Pd和^{125}I种子贴近治疗以及^{188}Re和^{90}Y的微粒都是重要的新药。放射性药物已形成高科技产业，仅美国2000年放射性诊断和治疗用药物年销售额就已超过100亿美元。

今后重点研究的方向是：具有优良核性质和活泼化学性质，特别适宜于肿瘤治疗的核素制备方法；用于免疫导向、受体导向和基因导向的新的化合物药物的合成以及药代动力学的研究；与医学上内介入技术结合，形成内介入放射性核素肿瘤治疗等。

可以毫不夸张地说："分子核医学是一门新兴的交叉学科，没有分子核医学就谈不上医学的现代化。"

(2) 核技术研究纳米物质生物安全性

纳米颗粒由于尺寸效应、量子效应和巨大比表面积等导致其具有特殊理化性质，它们进入生命体后，与生物体的作用方式及其效应与常规尺度物质有很大不同。经过不同途径（如皮肤、血液、呼吸道等）进入人体的纳米颗粒是否具有穿越生物屏障的能力？是否存在特定的跨膜机制？纳米颗粒进入细胞后，对细胞的结构和功能是否产生人类希望的或意料之外的影响？人工纳米颗粒对维持正常生命过程至关重要的生物分子本身的自组装会带来什么影响？这些相互作用或影响对生命过程会产生怎样的结果？能否人工调节和控制不同纳米颗粒的生物效应？……这些都是纳米生物效应研究所涉及的问题。美国国家纳米计划负责人Roco博士最近指出："纳米产品和纳米技术的安全性，将成为影响纳米产业国际竞争力的关键因素之一。"获得国际公认的鉴定和确认各种纳米产品的生物安全性分析数据将涉及国家的巨大利益。正因为如此，发达国家迅速组织和开展纳米生物效应的研究，不到两年时间，已形成了一个新的前沿领域。

2003年以来，《科学》杂志和《自然》杂志已经先后4次讨论纳米生物效应问题。英国皇家学会和皇家工程院于2004年7月29日发表长达95页的报告，建议英国政府成立纳米颗粒生物环境效应研究中心。2004年12月5日，欧盟在布鲁塞尔公布了《欧洲纳米战略》，把研究纳米生物环境健康效应问题的重要性，列在欧洲纳米发展战略的第三位。2005年7月14～15日在欧洲召开了"负责任地从事纳米科技的研究、开发和应用"的国际宣言讨论会。

主要研究目标是：

1）纳米物质在生物微环境中的化学行为及其对生物体系自组装过程的影响以及对非共价键相互作用的影响等。

2）纳米物质穿越生物屏障的能力问题：纳米物质穿越皮肤、血脑屏障、肺泡-毛细血管屏障和胎盘屏障的能力、机制以及被机体吸收和转化等。此外，纳米物质能否进入脑组织？能否影响认知功能？

3）纳米物质对血液细胞、血管内皮细胞、免疫细胞等的作用与机制。

4）纳米物质与生物分子的相互作用以及纳米分子生物学效应问题：纳米物质与细胞膜蛋白的作用及其跨膜机制对重要细胞器官内蛋白质表达谱的影响，对某些蛋白质分子的结构与功能的影响，对基因的转化、复制、转录和表达的影响等。

5）纳米物质的物理尺寸与化学修饰对纳米生物效应的调控。

（3）辐射生物学

重离子、质子等辐射引起的生物 DNA 变异已是无可争议的事实，并已用于改良和培育新的品种，产生了巨大的经济效益。用神舟飞船搭载的空间辐照生物实验也已显示出正面效应。但是离子辐照是如何引起 DNA 变异，其机理和途径尚不清楚。此外，辐射生物学的一个长期争论的基本问题是：低剂量辐射对人体究竟是否有害？已有的长时间低剂量辐射效应的研究结果至今相互矛盾。这种状况既不利于阐明辐射生物效应的基本科学问题，又严重影响了社会公众对放射性的正确认识。为了从本质上探索电离辐射的生物效应，其中一个重要方法是建立单粒子定位辐照装置，实现单个粒子对生物细胞进行定位和定点辐照，从而研究粒子与生物分子 DNA 变异的对应关系。如果最后确证单个粒子辐照细胞质也能直接引起 DNA 变异，这将对改造传统的生物变异理论具有重要的科学意义和广阔的应用前景。

另一个基本课题是在传统伽马辐照治疗肿瘤的基础上，发展质子和重离子治癌技术。

我国在辐射生物学领域具有非常好的研究基础和实验条件，有必要深入开展这类研究工作，以求对人民健康和国民经济发展做出重要贡献。

主要研究目标是：

1）长时间低剂量辐射的生物效应及其机理研究。

2）单粒子辐照生物效应及其机理研究和单粒子定位辐照装置的研制。

3）新型粒子束治疗技术（包括质子和重离子治疗）的研究及其应用。

（4）核技术研究环境污染物

环境研究已成为全球共同关注的一个热点，环境保护亦是我国重点基础研究目标之一。随着环境科学研究的发展，人们已提出了一系列值得重视的问题：何谓“环境质量”？环境标准应当越来越严吗？何谓“零排放”？环境立法的依据是什么？什么叫“低层次的环境决策”？什么叫“科学的环境决策”？应当如何分配环保经费？现在越来越多的国际机构和各国政府认识到，用于环境保护的经费首先应分配给环境科学研究，因为环境科学研究可以最有效地满足社会的环境目标。其中的关键则是“对环境污染物的科学的危险性评价，即在种群、个体、器官、细胞乃至分子水平上对环境污染物的科学评价”。在这一领域，核技术由

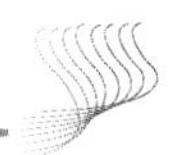

于具有高灵敏度、高准确度、高分辨率，多元素测定能力等特点，在环境污染物的超微量、微区和化学种态的研究中常可起到不可取代的独特作用。

主要研究目标是：

1）用核技术在分子水平上重点研究全球和我国典型的环境污染物（有机物、重金属、大气细颗粒物等）的毒理作用机制和科学的、定量的危险性评价。

2）发展为研究环境毒理学问题必需的先进核技术，瞄准当前国际环境科学发展动向，以适应我国实际环境保护和治理的需求。具体的要求是：能实现对环境污染物的化学种态、微区和表面、超微量、多因子、多介质、动态实时等的监测，并对其危害性进行评估。

4. 存在的主要问题和分析

（1）核科学技术发展滞后

20 世纪 80 年代以来，我国的核科学技术基本上是走下坡路。主要标志是：

1）设置核科学技术专业的高等院校数目下降。

2）就读核科学技术专业的学生数量急遽减少。

3）核科学技术专业人才流失。近年来，核技术专业本科生和研究生的数量和质量都无法满足社会各行业的需求，更不能适应我国未来发展核电、核医学和交叉学科等的需要。

4）社会公众对核科学技术缺乏正确了解，对核辐射产生不必要的恐惧。这在根本上限制了我国核科学技术的发展。长此以往，必将对我国的国家安全、国民经济和交叉科学的可持续发展带来严重后果。

（2）实验经费的支持不配套

国家花了大量经费购买国外设备，建设一些大科学平台。然而近年来一个不容忽视的事实是，实验站建设相对滞后。我国可以投巨资建造大型装置，然而拿不出适量经费添加围绕大型装置的实验设备，开展有关的实验工作，其后果必然是大型装置的利用效率低下。

5. 对策和建议

（1）设立以核科学技术为基础的多学科研究中心

基于美、欧、日本等纷纷建立交叉学科中心［具体实例有美国的 BLB（参见 http：//www. blb. gov）、BNL（参见 http：//www. bnl. gov）、日本的理化研究所、德国于利希研究中心等］，我国应在原有相对独立的研究所的基础上，成立新型的多学科研究中心。该中心应以现有的反应堆、大型加速器、核子微探针、辐射装置、超灵敏加速器质谱计等大型核装置为核心，结合即将建成的散裂中子源、高通量核反应堆、第三代同步辐射装置，自由电子激光装置等，再配备综合性的常规仪器设备，构建具有国际影响力的多学科研究中心。例如可考虑建立全球第一个三级生物安全性和核科学技术相结合的先进实验室。该中心应形成一支由核科学家、生物学家、环境学家等组成的一流的科研队伍，并吸收大量的国内外客座研究人员，汇集具有不同专业背景的优秀人才，加强合作交流，开展科学研究，从而提升我国核科学技术的创新性和前瞻性。

（2）加强基础教育，大力培养人才

加速发展核科学技术的关键是人才，而人才的基础是教育。应吸引和鼓励青年学生学习核科学技术专业。具体政策可以是：提前录取，免收学费，发放奖学金等。加强核科学技术的大学本科和研究生教育，在一些重点大学中设立核科学技术与生命科学、环境医学等交叉学科的专业。

（3）鼓励核科学技术专家与其他学科专家的交流和融合

积极组织促进核科学技术与其他学科交叉、融合的各种研讨会，如 Workshop、Summer School 和香山科学会议等。

（4）普及放射性生物效应和辐射防护知识的教育

向社会公众普及放射性基本知识，使老百姓了解放射性无时无刻不存在于每个人的周围，无人可以躲避放射性的照射，关键是放射性剂量，消除“谈核色变”的观念。

（5）注重相应实验站的配套建设

我国现有和即将建成的大科学装置有高通量核反应堆、第三代同步辐射、强流散裂中子源等，在建造这些大型装置时，一定要注重相应实验站的配套建设。

6. 结束语

核科学核技术与生命科学相结合，既有重要科学意义，又有极大的经济和社会效益。我们可以预测，将来人们有可能利用核素示踪技术研究各种病毒、癌细胞等的形成、繁殖、转移及其凋亡过程，从而为有效地诊断和治疗相关疾病提供科学依据；利用单粒子辐照技术，实现“定向育种”和“定向繁殖”；利用同位素示踪和中子活化等技术，揭示生物必需元素和有毒元素对人体生物效应的分子机理；利用核技术揭示脑功能的分子机制；等等。与此同时，我们也有理由展望，核科学技术带来的产值有可能在我国国民经济中的份额从现有的 <0. 1% 提高到 1%~2%，并对我国人民的健康、环境治理和国家安全做出重要贡献。

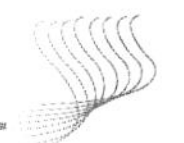

（三）量子纳米科学

1. 研究领域界定

纳米材料指的是特征尺寸在1～100纳米范围、介于分子和微米结构之间的原子集合体，它们含有的原子数目是可数的。由于其尺度达到了电子的德布罗意波长的量级，所以呈现出一系列宏观结构中没有的特性，其中最主要的是量子特性和界面效应。纳米科学是近20年来引起人们高度重视的一个研究领域，纳米材料的异常光学特性、电学特性、磁学特性、力学特性、敏感特性、催化与化学特性等为高技术新产品的开发以及传统材料的改性提供了广泛的机遇。纳米材料一般分为两类，第一类是基于量子效应的纳米材料和结构，称为量子纳米材料，它主要由半导体组成。由量子纳米材料可以制成利用量子效应的新一代纳米器件，它们具有超高速、超高频、超高集成度、高效低功耗等特性，将在纳米电子学、光子学等未来高科技领域占据极为重要的位置。第二类纳米材料主要是利用它的表面和界面效应，称为工业纳米材料。工业纳米材料在化工、陶瓷、建材和医药等领域中已经有许多的应用，产生或正在产生巨大的经济效益。这类纳米材料性质的研究和开发已进入企业领域。

目前大规模集成电路微处理器（CPU）最短的栅长是37纳米，动态随机存储器（DRAM）的间距为90纳米。由美国半导体工业协会（Semiconductor Industry Association，SIA）提出的国际半导体技术的路线图（roadmap）预计，在2010年将达到45纳米的节点（晶体管栅长降到18纳米，DRAM间距为45纳米）。要建造这样一个线宽的微电子工厂估计约需100亿美元。在这个尺度上，除了工艺复杂引起成本急遽增加外，电子回路将出现一系列的量子效应，因此预期下一代的电子器件将是全纳米结构的器件。

纳米结构的电子和光子器件将成为下一代微电子和光电子器件的核心，它与电子学、光电子学以及通信技术、计算机技术密切相关，将在21世纪引起一场新的技术革命。2000年美国发布的《国家纳米技术发展计划》中提到："纳米结构将孕育一场信息技术硬件的革命，类似于30年前那一场微电子革命，半导体电子学取代了真空管电子学。在即将来临的这一场纳米电子学革命中，超微晶体管和记忆芯片将几百万倍地改善计算机的速度和效率。一个针尖大小的海量存储器将存储几太信息量，并减小功耗几千倍。通信系统的带宽将增加100倍。同时发展可折叠的平面显示器，它比现在的显示器亮度增加100倍。将生物和非生物器件集成到一个相互作用系统，将产生新一代的传感器、处理器和纳米器件。"

目前量子纳米材料的研究和应用开发还处于起步阶段，从长远来说必将产生巨大的社会和经济效益。作为物理学的一门重要交叉学科，物理学家应主要研究量子纳米科学，即量子纳米材料的制备、物理性质和器件应用。

2. 交叉的重要性

量子纳米科学是一门交叉学科。它的基础是量子力学，但是它与化学、材料、信息、生命医学等学科密切交叉。

（1）与材料科学的交叉——量子纳米材料的制备

量子纳米材料的研究和应用在很大程度上取决于材料制备技术和材料的质量。量子纳米材料和工业纳米材料对材料性质的要求很不一样。工业纳米材料要求量大，甚至以吨计，但对材料的尺寸和均匀度要求不高。而量子纳米材料对材料的尺寸、均匀度、晶体完整性、无表面缺陷等有很高要求，但需要量不大。制备量子纳米材料有“自上而下”（top-down）和“自下而上”（bottom-up）两种方法。“自上而下”一般是传统方法，包括光刻、电子束刻蚀等。优点是精度较高；缺点是设备昂贵，成本高。“自下而上”是非传统方法，包括化学、自组装方法、塑模法、浮雕法、印刷法和扫描探针刻蚀法等。优点是：方法简便，成本低；缺点是尺寸均匀度较差。总之，现在还没有一种完美的方法能制造出质量优异的量子纳米材料，这是对材料科学的一个挑战。

（2）与化学的交叉——分子电子学和金属纳米粒子

分子电子学（moletronics）的目标是将单个有机分子放在电子回路中作为逻辑门，代替半导体晶体管，使得计算机更小、更快和更便宜。根据Moore定则，集成电路芯片上的晶体管数目每18个月翻一番。这个定则已成立了40年，未来大规模集成电路的进展依赖于制造越来越小的电子器件。但是硅技术的连续小型化将可能中止，因为硅器件小到一定程度将会出现量子效应，同时设备的成本将越来越高。分子电子学是代替硅技术的发展方向之一。

基于有机化学分子的电子器件的设想最早是由IBM的A. Aviram和纽约大学的M. Ratner提出的，他们提出了构造一个单分子整流器。计算证明，这种分子在外电场下将有开关的功能。目前比较成熟的分子电子器件有：分子场效应晶体管、有机存储器件等。目前用有机分子代替硅器件还有相当大的困难，赖斯大学的Tour预言，分子电子学的第一个商业应用将是一个将分子化学与半导体电子学相结合的杂化器件，在硅的衬底上生长有机结构。这样做可以利用现有的硅工艺的便利条件，节约了时间，减小了成本。当分子电子学成为成熟的技术时，Moore定则将继续往前走。

金属纳米粒子带有大量电子，由于表面电子的等离子体共振，金属纳米粒子是可见光的强吸收体和散射体。等离子体共振峰的能量、线宽对纳米粒子的

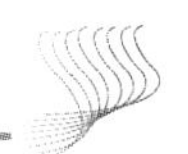

大小、形状和纳米环境是敏感的。等离子体共振可以使纳米粒子表面的局域电磁场增强或调制。由于这些奇异的特性，金属纳米粒子在化学上有许多实际的应用。例如，催化剂、表面增强拉曼散射用于化学分析、比色分析、纳米粒子增强微芯片毛细管电泳、纳米粒子与特定分子相互作用的光学检测等。

（3）与信息科学的交叉——纳米光电子和微电子器件

量子纳米材料的光电器件包括碳纳米管场效应晶体管、硅发光器件、纳米线激光器、作为生物探针的发光量子点、单光子发射器和探测器等，它们具有比传统光电器件更突出的优点。

用碳纳米管已成功地制成 Schottky 势垒场效应晶体管（CNTFET）。靠优化纳米管/电极界面特性，一些 CNTFET 已经具有欧姆接触性质，显示出了与通常硅的金属–氧化物–半导体场效应晶体管（MOSFET）相比拟的性能。此外，单壁碳纳米管（SWNT）还是制造纳米传感器的理想材料，因为它们的一维结构和大的表面积，使得半导体 SWNT 的电导率对非常少量的分子敏感。

硅是一种间接带隙的半导体，它不能发光。硅的纳米材料由于量子限制效应和表面态的效应，有较高的发光效率。目前第一个带晶体管的多孔硅发光二极管（LED）已经制成，对硅基纳米材料的激光器也有报道。将硅发光器件与电子电路集成在一个硅片上，就能实现光电集成。用光互联代替目前所采用的电互联，将大大改善集成电路的性能，提高计算机的速度。

量子线激光器。半导体纳米线将成为组装纳米光子器件的组块，例如：偏振灵敏的光探测器、发光二极管、电注入激光器等。半导体纳米线既可对电子，也可以对光子产生量子限制效应，形成共振腔。单根半导体纳米线已经用做光波导和 Fabry-Perot 腔，在强激光的照射下，产生受激发射。纳米量子线的电注入器件有望制作超低阈值电流的量子线激光器。

半导体纳米发光晶体。用化学胶体方法生长的半导体纳米晶体由于发光波长可调，发光强度大，因此可以用于生物影像、显示器件、光伏器件（光电池）和激光器。对生物医学影像，最近已经在体内血脉成像和淋巴结成像上得到成功的应用。

以量子点中少数电子为基础的单电子晶体管，可用做超大容量的存储器，使得功耗大大降低，有可能成为 21 世纪超大容量存储器的最好选择。除了库仑阻塞效应，还发现了许多与单电荷效应有关的新现象，如库仑台阶、旋转门效应、量子干涉效应等，这些效应已经在物理上得到广泛研究，有可能作为新一代量子器件的基础。

单光子发射器和探测器。量子密码通信是一种不可“窃听”的保密通信方案。量子通信要进入实用阶段，关键要有高频的单光子发射源、长距离传输低误码率和高灵敏的单光子探测器。单光子发射可以产生量子通信所需的纠缠态。半导体量子点结构是三维受限结构，具有类“原子”特性，是实现单光子发射的理想选择之一。

（4）与生物医学的交叉——纳米生物医学

生物探针技术是研究生命科学的强有力手段之一，它对于认识核酸、蛋白和糖类的功能、相互作用以及在生命体内迁移和代谢的规律，对于人类重大疾病的发病机制研究以及癌症、艾滋病等的早期诊断均具有十分重要的意义。

最近，随着纳米技术的发展，纳米荧光探针显示出了其巨大的学术与商业价值。与传统的荧光探针相比，纳米粒子探针技术具有更高的量子产额、更大的斯托克位移和更长的发光寿命，而且具有性能稳定、易于储存和运输等优点，很适合商品化。

纳米生物芯片是分子生物学、化学、计算机、自动化等多学科交叉的产物。将纳米芯片附着和植入人体皮肤表层，通过纳米电机技术进行人体呼吸、心跳、血液等感应及检测功能，或者通过无线传输系统将病人的检测资料传输至远端的计算机上。一旦病人情况出现异常，可以提早诊断并发出预警。结合纳米技术和基因工程技术的纳米基因芯片，能容纳上百万个基因片段，可用来开发新药，改进疾病诊断和治疗方法。

3. 新的科学问题

（1）量子纳米材料的制备技术

量子纳米材料的制备有多种方法，大致可分为几类：①化学方法；②气相反应、沉积；③自组织生长；④刻蚀技术。其中前三种方法是“自下而上”的，第四种方法是“自上而下”的。每一种方法需要研究它的生长机理、如何控制质量等问题。

（2）分子电子学和金属纳米粒子

有机分子场效应晶体管的原理、设计与制备；除了场效应晶体管以外，其他进行逻辑运算的分子器件的原理和方法；分子存储器的新原理和技术；分子器件与半导体器件的结合－杂化器件；分子器件的集成等。

金属纳米粒子的生长技术；单金属纳米粒子等离子体吸收谱的测量及其应用；超短脉冲激发以后的弛豫过程，包括电子－电子散射、热电子与声子的耦合、粒子与周围介质的能量交换；金属纳米粒子在化学上的应用等。

（3）纳米光电子器件和微电子器件

碳纳米管场效应晶体管、硅发光器件、纳米线激光器、发光量子点、单光子发射器和探测器等的设计、制备、集成和特性研究，特别是自组织生长量子

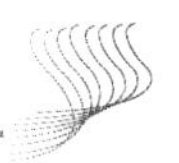

点结构的机理研究，如何提高量子点大小、位置的有序度和均匀性；用化学方法制备半导体纳米材料的技术，解决纳米粒子尺度不均匀的问题；纳米结构的发光器件和激光器的原理、设计和制备；研究纳米结构的强非线性光学性质；将光学非线性与一个适当的反馈相结合产生光双稳，制备光双稳器件等。

全固态量子点非经典单光子光源的研制和测试分析，以及研究与单光子态有关的物理问题，如光子的关联特性、纠缠态的制备等；单光子探测器的新原理和新方法等。

（4）纳米生物医学

设计、筛选并合成出新型的适合于医用的纳米荧光材料和核壳纳米结构；开发以乙肝病毒、丙肝病毒、癌症、艾滋病等诊断为代表的新一代纳米荧光探针试剂盒；利用纳米微机械技术研制纳米诊断器、纳米生物芯片等。

4. 存在的问题

（1）对纳米科学认识上的分歧

纳米科学的重要性及其对未来技术发展的影响已经取得了共识。但是由于各人从事的领域不同，因此对纳米科学认识上有很大的差距。有人重视工业纳米材料，以及它们的产量和产值，把它作为纳米科学发展的主要方向。实际上，量子纳米科学目前虽然还没有进入大量应用阶段，但是从长远来说，它对未来的信息高技术产业将产生重大的影响，就像当年半导体晶体管代替真空电子管一样。

（2）重短期行为，轻长期的基础性研究

正因为对纳米科学认识上的分歧，就形成了重短期行为、轻长期的基础性研究工作。重视对工业纳米材料的投入和开发，而忽视对量子纳米科学研究的支持。实际上，美国等西方国家的研究经费主要是放在量子纳米科学上。美国的一些著名大学如哈佛大学、麻省理工学院、斯坦福大学、加利福尼亚大学伯克利分校等和一些大公司如 IBM、HP 等都在积极开展这方面的研究，进展很快。我国对纳米科学的宣传很早，国家也投入了不少钱，可是在量子纳米科学的研究方面进展较慢，远远落后于西方国家。

（3）重材料制备，轻物性的研究和纳米器件的设计、制造和应用

据新华社 2005 年 6 月 14 日报道，我国“纳米”论文总数世界第一。数量世界第一的“纳米”论文并不代表我国的纳米科学研究已经是世界第一了。我国发表的纳米论文大部分是属于材料生长方面的，对生长出来的“纳米”材料的物理、化学、光电、生物等特性的深入研究还比较少，更不用说制造纳米电子器件。

（4）重单个器件的研究，轻器件的集成

无论是大规模集成电路，还是高密度存储器，都包含了几百万、上亿个器件单元。在研究纳米器件的同时，考虑如何实用化，也就是器件集成的问题不够。现在国内较多的论文是做单个器件，看到了一些效应，就作为重大成果，实际上离实用阶段还很远。

（5）重单学科的研究，轻综合性的、多学科的交叉研究

纳米科学，特别是量子纳米科学的研究需要多学科，包括材料、物理、化学、信息、生物等学科的交叉研究、共同合作才能取得重大的成就。国际上纳米科学的重要工作都是由大学的物理系、化学系、电子工程系、生物系以及一些大公司合作完成的。而国内还没有组织起一支队伍，集中各方面的人才、设备等综合优势，因此难以出高水平的成果。

（6）对策和建议

1）在国家的层次上，建立“量子纳米科学”研究的专家指导小组，根据国家“十一五”中长期研究发展规划，统筹组织和安排这方面的研究，组织队伍、分配任务、分工合作、建设公共平台。

2）对量子纳米科学给予足够的重视，而不应把有限的人力、财力分散用在纳米科学的所有方面研究上。如工业纳米材料，应以企业为主进行研究。

3）因为量子纳米科学是一门范围很广、多学科的交叉学科，任何一位专家只熟悉本领域的研究内容，在认识和思想上都有局限性。在设立有关这领域的重大课题时应充分发扬学术民主，广泛听取广大科技工作者的意见，以保证这一学科在国家的大力支持下健康蓬勃地发展。

（四）量子信息

1. 研究领域界定、背景和特点

量子信息（quantum information）是量子物理与信息科学、计算机科学交叉所形成的交叉领域，它主要包括量子计算、量子通信和量子密码学。它充分利用量子相干性及其衍生的独特的量子特性（量子纠缠、量子并行和量子不可克隆等）进行信息存储、处理、计算和传送，完成经典信息系统难以胜任的高速计算、大容量信息传输通信和完全安全保密的信息处理任务。特别是量子计算的研究可能为突破传统计算机芯片的尺度极限提供新的启示和革命性解决方案，从而导致未来计算机构架体系的根本性变革。

量子信息的研究提出了怎样从物理学的角度，在物质科学层面上深入理解什么是信息、什么是物质、能量和信息关系等基础性问题。反过来，这些问题的解

决也有助于揭开量子物理的不解之谜，甚至引发新一轮的量子革命。例如，量子理论自建立之日起，虽然在应用层面上取得了前所未有的成功，但其基本观念却是构建在一个有争议的基础之上（如玻尔和爱因斯坦等关于量子力学理论完备性的争论），涉及诸多基本的问题。近年由于量子信息的深入研究，在新的实验技术平台上，许多争论得以检验和进一步澄清。

2. 国内外研究现状

量子信息的研究可以追溯到20世纪60年代Landauer关于不可逆计算与热产生关联的开创性研究。这个研究预示了传统计算机芯片尺度极限的存在和传统计算理论框架的局限性。20世纪80年代以后，人们开始考虑量子图灵机的物理实现和应用量子比特的必要性。到了20世纪90年代，由于Peter Shor关于大数因子代量子算法的提出，世界主要国家的国防、安全保密部门才意识到量子计算以及相关的量子密码和量子通信的重要性。事实上，早在20世纪80年代中期，美国和英国等就开始量子密码学的研究，但只是有了量子计算，量子密码学和量子通信的必要性才突显出来。这是因为只有量子密码，才能防止通过量子计算破解传统密码。

美国量子信息的研究重点是量子计算和实用的量子密码学，而欧洲的重点则是在量子通信和量子信息相关的基础物理问题上，各有所长，相得益彰。所不同的是，美国对量子信息的研究采取了相当务实的态度。由于硅基的固体器件是实用化量子计算的技术方向，他们只是把核磁共振（NMR）和光学系统为基础的量子计算研究作为一个演示原理的中间过程，而把大量的投入指向基于超导约瑟夫森结和量子点系统的量子计算研究。从美国Advanced Research and Development Activity（ARDA）每年不断更新的“量子信息科学和技术路线图”（Quantum Information Science and Technology Roadmap，http：//qist. lanl. gov）和发表的文章可以看到这一点。最近两年，他们又尝试把纳米机械的研究与量子计算研究结合起来，取得了一系列有影响的研究成果。

日本关于量子信息的研究起步时间与中国差不多，1997、1998年左右开始发表文章。除了NEC关于超导量子比特研究在世界领先，其他方面日本早期并无突出成绩而言。然而近5年来，由于固态量子计算成为主流，日本在器件和材料科学方面的优势逐渐发挥出来。在超导量子计算和量子信息技术的很多方面，不仅超过了欧洲，而且可以与美国比肩，个别方面甚至超过了美国（如NEC和RIKEN的合作首次实现了两比特超导逻辑门的演示实验）。日本量子信息研究能够后来居上，主要取决于他们十分务实的研究计划，如理化学研究所（RIKEN）在新近启动的大规模“先端研究推进体系”（Frontier Research System）中把量子信息列为一个主要方向，进展极为迅速。

我国的量子信息研究起步不算晚，早在1997年和1998年，中国就有量子计算方面的理论论文发表，在国际上有一定影响。1998年举行了探讨量子信息研究发展的香山科学会议；1999年在国家自然科学基金委员会理论物理专款基金支持下，举行了一个规模较大的暑期高级研讨班。后来量子信息的研究被相继列入“中国科学院知识创新工程重大方向性项目”和“973”计划。目前量子信息在我国的研究已形成了研究热潮，不少高校和研究所已开展了理论研究，总的趋势不错。我国的实验研究和经费投入大多集中在光学系统和NMR上。在NMR和光学系统实验方面，已有不少有特色的研究工作发表，如基于压缩态的连续变量量子通信的实验、五光子量子纠缠实验、核磁共振量子计算的研究以及关于量子密码的各种实验研究等。

另外，最近从国外引进了量子计算方面的年轻人才，关于超导系统量子计算的实验研究已形成了比较强势的初态，有的单位也打算在量子点量子计算和固态单光子器件方面实质性地开展工作，出成果只待时日。这些工作的开展将会使我国量子信息的研究走上健康发展轨道。

3. 新的科学问题

我们从量子信息的实际应用和量子信息物理基础性两方面考虑量子信息科学中的新的科学问题。从应用角度看，量子计算的目标是研制出具有特定用途的量子计算机和量子计算机部件，写出模块化的量子计算的程序。特别是，量子计算机的主要部件应立足于当代业已成熟、并还在蓬勃发展的硅半导体工业技术，平面化和电路化的设计是实用化的量子计算机所必需的。

目前基于超导系统的量子计算是固态量子计算的一个发展方向，但从长久的工业化目标看，它仍然带有一定的过渡化特征。量子器件与纳米技术结合的研究，在实验上进展得十分迅速。目前人们已经能够实现吉赫振荡的纳米机械器件，它已接近标准量子极限，因此人们已开始探讨用它作为量子数据总线及量子比特的可能性。

在量子计算的原理方面，有以下两个问题值得深入考虑：

1）固态量子比特的全固体集成问题。一个全固体化的量子计算机，应当有固态的量子数据总线，相干地连接各个量子比特。为了使固态的量子数据总线只交换信息、不损失能量，必须要求这个固态数据总线有能隙。然而，有能隙的强关联系统的关联长度是有限的，怎样协调和优化能隙与关联长度的关系，是一个有深刻内涵的物理问题。

2）微观系统的量子控制问题。构成量子网络的量子逻辑门操作，本质上是

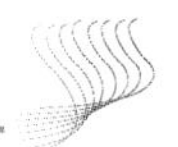

一种半经典的量子控制。在更微观的层次上，如果要求控制器也是一个量子系统，被控系统对控制器的反作用是不可忽略的，从而导致开环控制的量子极限。另外，量子反馈控制本质上是闭环控制，而提取反馈信息的操作——量子测量必然影响系统。怎样对微观系统进行量子反馈控制，是一个十分重要，但还没有完全解决的问题。

以实用化为目标的量子密码实现中有一个关键技术，就是单光子源和单光子探测。这样的单光子光源是具有国家目标的核心技术。由于国家的战略需求，没有现成的商业化系统可用，因此这是一个尚需集中力量技术攻关的重要研究方向。

在基于量子态远距传物（quantum teleportation）的量子通信研究方面，虽然实验理论均有很大进展，但在很大程度上回避了一些关键性原理问题。如迄今为止，尚没有一个真正的量子远距传物实验能够高效地百分之百区分四个 Bell 基。怎样探测 Bell 基（特别是固态系统的 Bell 基）是一个理论和技术上的严峻挑战。另外，量子纠缠是量子信息的必要资源，但迄今为止，人们尚不能对量子纠缠给出一个公认的、可操作的度量。因此怎样度量和表征量子纠缠是一个尚未彻底解决，但又不可回避的科学问题。

4. 存在的主要问题和分析

我国的量子信息研究起步较早，也取得了一些有意义的结果，在国际上产生了一定的影响。但总体水平与国际量子信息研究还有一段距离，特别是原理方面，缺少原始创新的理论，实现固态量子计算和量子信息处理的研究还刚开始。由于种种原因，目前量子信息的研究存在着“一窝蜂”现象，还没有形成自己的特色。

（1）实验研究工作的布局不合理

实验工作大多集中在光学系统，全国已经有较多的利用光学系统的量子信息研究单位，取得了一定的成绩。目前还有一些单位打算或已经部分投入光学系统量子信息的研究，这势必造成技术设备和研究人员的重复投入。其主要原因是光学系统比较容易短时间出成果，另一个原因与媒体的宣传有关。这样造成了一些单位不是从量子信息科学发展的国际、国内实际出发，而是单纯追求科研成果的短期效应。

（2）缺乏长远的科学目标，追求短期行为

国内一些单位和个人基于目前量子信息研究的先进性和重要性，从自己熟知的领域转行到这一领域。但有些人比较急功近利，在形式上把已有的东西“包装”或“翻译”成量子信息的语言，而不是正视量子信息所急需解决的关键问题，这样对量子信息研究不能起到推进作用，无法为本学科的发展做出实质贡献。相反地，有可能造成一种浮躁的学术风气。

（3）缺少计算机科学和数学专家的实质性参与

回顾过去20年国际上量子信息的重大发展，不少都是信息科学家和数学家主动参与研究的结果（如大数因子化量子算法和量子离物传态的方案），而在我国则少有计算机理论和数学家的主动参与，更缺少这方面的研究人员与物理学家的有机合作。因此，尽管在实验上取得了一些重要的成绩，有些达到了世界先进水平，但缺少自己创建的原理性的东西。

（4）量子信息研究方面媒体的宣传有不当之处

作为一门新兴的学科，有一些必要的、真实的科学普及宣传是必要的。这样可以吸引青年一代的加入，争取较多的研究经费。但是有些媒体的宣传不够实事求是，有夸大、失实的地方，结果反而会产生一些负面的作用，这种倾向性值得注意。当前最重要的问题是踏踏实实地，真正做出一些原始创新的基础性的工作，而不仅仅为了“演示”。

（5）国际合作中的知识产权问题

量子信息研究的许多方面将来极有可能趋向实用化，我国实验方面的一些工作是与国外合作完成的，因此知识产权在未来会变得十分重要。一方面，不能把与别人合作的工作简单说成完全是自己的，这样会产生知识产权的问题；另一方面，我们也要相对地保持自己的独立性。

5. 对策和建议

（1）加强固态量子计算的理论和实验研究

既然固态量子计算研究是未来量子信息研究的主攻方向，我国在这方面要有相应的布局和安排。我们注意到，虽然美国、日本和欧洲在这方面较早起步，但迄今仍未实现两个固态量子比特的可控量子逻辑门。从这个意义上讲，我国现在开始固态量子比特研究为时不晚。如果发展战略得当，迎头赶上就会正逢其时。我国有关单位超导量子比特实验研究已有充分的准备，有些单位也已经开展了一系列理论研究工作，理论和实验在这方面有可能进行实质性的合作。因此超导量子计算的研究，可以作为我国开始固态系统量子计算研究的切入点。

（2）积极组织力量开展基于量子点的量子信息研究

与超导系统量子计算相比，以量子点为基础的量子计算研究方面，国际上的实验工作不多。我国有关单位已建立了国际上先进的微加工实验室，只要安排得当，针对量子计算的需求，完全有能力在器件和样品制备方面，达到国际先进和领先水平。

(3) 鼓励更多的数学家和信息学家投身于量子信息的研究

在量子信息研究中，信息科学领域的需求是第一位的。物理学家必须正确了解计算机科学发展的需求，才能有的放矢地开展研究工作。鼓励更多的数学家和信息学家投身于量子信息的研究，就能对量子信息发展做出创新的贡献。

(4) 加强基础理论的研究，做出原始创新性的研究工作

目前我们的实验研究大多是去验证和演示国外的思想和方案，这对尽快进入这一领域，提高我国在这方面的国际地位是必要的。但从长远来说，我们应该鼓励原始创新工作。另外，对关键的基础性的实验技术，也应当有所作为。如在固态单光子源和单光子探测技术方面，应当建立有自己知识产权的技术构架，把这些技术上的难点作为一个长期攻克的目标。

(5) 在量子密码学和量子通信方面，应当以最终的应用为研究方向

目前发表的量子密码学和量子通信的结果大多是在光学系统上进行的，设备大、不稳定，不符合实战的需要。所以今后开展这方面的研究，应当以最终的应用为研究方向。在实验上，要明确目标，找到适当的解决方案，逼近和最后达到解决问题的目的。例如，研制固态单光子源和单光子探测器、对于 BELL 基测量问题等。

(6) 在学科交叉中孕育、产生真正意义上的新兴学科

量子信息目前的研究仅仅是处在一个“简单交叉”的阶段，即把量子力学的概念直接应用于计算机和信息科学，其重要意义主要是在技术和应用层面之上。关于量子信息研究的诸多迹象表明，现在应该进一步思考更加深入问题：在交叉点上能否孕育出独特科学问题，从而生长为独立新兴学科？事实上，传统物理学是以实物与场为研究对象的，物理学对信息研究并无更多的明确结果，或许量子信息的研究能帮助人们从空间、能量和运动的角度，在微观层次理解信息的存在和意义。

（五）理论生物物理和生物信息学

1. 研究领域界定、背景和特点

生物物理学旨在阐明生命现象独特的物质基础与规律，理论生物物理运用物理学基本原理为生命科学向定量科学发展提供概念框架和分析方法。它涵盖生物系统的不同层次，针对不同层次运用不同的物理原理和方法。在宏观层次上的理论研究包括：神经细胞的膜电生理学、生物膜弹性的液晶模型、细胞特别是肌肉细胞的力化学理论、蛋白质相互作用及基因调控网路非线性动力学、生物系统宏观序结构生成的数学模型（图灵斑图）、动力学模型（如心肌中钙粒子的螺旋

波）及物理模型（普利高津的耗散结构理论）等。在微观层次上，随着20世纪中叶DNA双螺旋结构的发现与分子生物学的兴起，关于生物大分子结构及动态的研究逐渐成为生物物理学的主流。在理论研究方面产生了生物分子手性起源的微观弱作用模型、与DNA遗传稳定性及酶催化机制相关的量子生物学、生物大分子结构及自组装的热力学模型、带电高分子（如DNA）凝聚等新的课题。

以上所列20世纪生物物理学研究课题，基本上都以体外构建的简化模型系统作为实验及理论研究的对象，通过考察模型系统的理化特性来理解生命系统的某些现象。体外研究取得了一定的成功，但在方法论上存在固有局限。尤其是随着分子生物学成为生命科学的主流，生物物理学逐渐与之结合并转向与“基因调控”相关的研究领域，体外模型研究的局限性就暴露无遗，从单纯的细胞力学转向力信号传导及与相关基因表达的关系就是典型一例。这种简化策略在观念及实验方法上割断了原系统中各分子过程间的可能联系，对体内分子的结构、行为只能做出间接、片面的在热力学平均基础上的认识。进入21世纪，人们在对基因行为的研究中提出了整体干涉（非破坏）的策略。以基因组为代表的组学研究凭借大规模测序、高通量检测等新技术和生物信息学的数据分析方法，历史上首次探明了若干物种的基因组、蛋白组乃至代谢组。在此基础上，基因芯片等技术与生物信息学方法的结合催生了旨在阐明细胞内完整的分子过程网络（如基因调控网，代谢网络等）的“系统生物学”。

就基因调控方面的研究而言，芯片技术仍只着眼于基因化学，即仅关注mRNA或蛋白分子合成量的变化；从其方法看，它忽略细胞核（或基因组）的物理结构而仅关注重构基因调控的时间关联网络，依赖统计推断、常微分方程等数学方法，属典型的黑箱建模。这一逆向工程已有成功的例子，但由于数学手段的局限性，它只适用于简单的因果关系网络。当涉及复杂的调控过程或非因果的空间关联时（如仅仅由于在染色体上相邻）该策略就难以奏效了。对分子机制的研究仍然是必需的，但传统分子生物学分解式的间接研究已经不适应系统研究的策略。这就要求彻底打破黑箱，从体外模型研究转到对体内不同类型、不同时空尺度的分子相互作用作直接考察，这正是21世纪生物物理学的范畴，也是系统生物学在物质结构层面研究的趋势。但不同于传统生物物理，这种新的基因物理学还包括了细胞生物学和细胞生理学的部分内容，是对细胞真实物理状态的多尺度整合研究。

这一策略转向首先归功于物理技术上的新突破，例如荧光技术在蛋白相互作用研究中的应用。蛋白质体外相互作用一直是分子生物学的传统模式，但随着系统生物学的崛起，构建完整、真实的体内相互作用网络成为首要任务。人们已经运用荧光共振能量转移（FRET）等荧光技术初步完成了酵母菌蛋白相互作用网络的构建。考虑到蛋白分子在体内可能遭遇复杂相互作用（如非平衡态的作用过

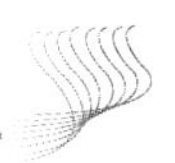

程，时间或空间上的隔离等因素），这一网络虽远不如传统晶体学研究来得精细，但更加真实地反映了具有生物学意义的蛋白质有效相互作用，也为更有效的体外研究勾画了一幅全景地图。另一方面，细胞生物学运用最新发展出的单分子荧光技术，在探测活体细胞更小时空尺度上的物质结构和过程方面取得重大进展，尤其是直接观测到细胞核内的超精细结构（如染色体领域）及过程（如基因转录过程的原位观测），揭示了核结构与基因转录空间有序性之间的关联，甚至提出了“基因地址”等新概念。单分子荧光技术运用于单细胞研究，揭示了低表达量基因在转录中存在的噪声及放大机制，为细胞分化提出了新的可能。单分子荧光技术使得单个 RNA、蛋白分子的折叠过程研究取得了突破性进展。这些初步的体内研究已经给传统观念带来了重大的冲击。不过，鉴于目前尚难以开展精细的体内单分子结构研究，体外研究仍然是一种重要的互补手段。但与传统途径不同的是，新的体外研究着眼于对细胞真实状态的模拟。

生物大分子在体内往往以单个分子而不是分子系综的形式发挥作用，其物理特性和生物学功能之间的关系难于用试管方式加以研究。单分子力学操纵则明确将分子（如 DNA）力学作为探测和控制生化过程（如 DNA 复制）的基本参数，最新的进展则是将这类操纵置于细胞提取液中进行，从而获得更加接近体内情况的物理结果（如 DNA 包装过程的单分子研究）。又如，细胞内部物质高度密集，而分子在不同密度环境中的行为极不相同，以往的体外实验忽略了这种由体积排斥导致的非特异性的熵效应，现在人们已经开始在构建体外系统时将这一效应视为与温度、pH 等同等重要的环境参数，并广泛探讨了其可能的生物学后果（如蛋白结构稳定性甚至功能的显著改变，以及对基因表达的影响）。可以认为，当前的系统生物学着重从基因化学的角度揭示基因调控行为的复杂性和有序性，而基因物理学则在物质结构（分子、亚核、亚细胞）的层面上揭示与这种复杂/有序行为相关的物理机制，两者之间形成明显互补、相互启发的局面。

一方面，当前的生物物理学仍将继续研究尚未解决的传统课题（如蛋白质折叠机理）；另一方面，基因物理学的最新实验成果又向理论物理工作者提出了与生命过程联系更为深刻的课题，如 DNA 和染色质的力学性质在基因转录调控中的作用，如何理解细胞中多种非平衡过程（DNA 超螺旋、分子马达运转、核仁形成、染色体包装等）的物理机制及其生物学效应（如与基因表达的关系）等。而最具挑战性的是，在现有实验技术尚无法直接研究大分子体内结构的情况下，理论研究应如何开展。这项探索极可能成为生物物理学、生物学及生物信息学整合研究的一个突破。

理论生物物理的一个重要研究方向是与非线性物理、复杂性科学交叉。随着分子生物学研究的深入开展，研究者已经积累了大量的蛋白质相互作用与基因调控机制的信息，这使得从整体的角度定量研究生物动力学系统成为可能。从蛋白质相互作用与基因调控网络出发，研究生物网络的拓扑性质、动力学性质、生物功能及它们之间的相互关系，是理论生物物理的一个重要方向，并取得了一些重要成果。引用著名细胞生物学家 Tyes 的评论（Current Opinion in Microbiology，2004）："当（生物）网络的细节被联到一起时，它将建立研究细胞信号传导网络的新的里程碑。细胞对环境的响应在不久的将来会从动力学、吸引子这些（非线性动力学）语言中显现出新的性质。"

2. 交叉的重要性

21 世纪被公认为是生命科学的世纪，但是生命科学的发展不只是生物学家的事情。近年来，生命科学从定性科学到定量科学的转变正在迅速进行，这种转变离不开物理、数学、化学与计算机科学的介入。从近代生物学的历史看，生物化学开启了人类对生命过程化学本质的认识，生物物理学提供了对细胞体系复杂性的不同层次或不同角度的描述，分子生物学则阐明了遗传的分子基础并导致分子调控的概念，这些革命性研究本身就是多学科交叉的典范。随着系统生物学等大科学的出现，更多领域的观念和方法介入到对生命复杂性的研究中，如控制论、工程设计论、生物信息学等。事实上，系统生物学一词不仅指关于生命系统复杂性的研究，还意味着其研究方式本身也是复杂多样的。

随着研究的深入，它们之间出现交叉互补的局面是必然趋势。例如，生物信息学的方法早就渗透到分子结构预测以及生物网络拓扑结构的分析中，而且有望在细胞生物学、生物物理学中发挥作用。单分子生物物理（如 DNA 操纵）作为探测和干涉微观分子事件的工具，已成功运用于分子生物学。统计物理在研究生物分子进化方面起到重要作用，产生了费希尔（Fisher）定律、克鲁克斯（Crooks）定律等定量描述生物进化的理论。非线性动力学将生物网络看成是一个非线性动力系统，它的引入给定量研究生物系统动力学行为提供了强有力的研究工具。对更宏观的生命现象如代谢、进化等来说，开放非平衡系统、耗散结构、自组织等物理观念已经成为理解生命系统有序性的有用概念。

总之，分子生物物理是解析分子"功能－结构"关系的基础，细胞生物物理学为基因调控、代谢调控等分子过程增加了空间这一维度，生物信息学涉及不同尺度的物质结构。随着这些概念在不同层次上逐步得以阐明以及新的物理观的建立，利用统计物理、非线性科学的思想、理论、方法发展生物系统的动力学理论，并预测生物系统的行为可能取得重大突破。有理由相信，继生物化学、分子生物学之后，理论生物学将为理解从分子到进化的多尺度生命现象带来概念框架的第三次突破。

3. 国内外研究现状和趋势

（1）国际研究的特点

理论生物物理学方面：分子生物物理学占据研究的主流，分子相互作用的理论研究较少。当前国际主要研究工作包括：

1）单分子操纵技术的发展为理论物理研究开辟了单分子统计力学的新领域，如双链 DNA、单链 RNA 的弹性理论已经成熟，但 DNA 二级结构形成、RNA/蛋白质分子的折叠动力学以及染色质弹性等现象的热平衡统计理论仍在探索之中。

2）病毒 DNA（或 RNA）包装的力学及热力学模型，病毒外壳的弹性理论。

3）分子马达的运动学及工作机制的研究。分子马达是理解生命系统有序性的关键，描述其运动的唯象模型已经提出，但是马达工作的确切物理机制尚未得到恰当的描述。

4）大尺度非平衡态结构的形成，如细胞骨架重组、分裂中期染色体的包装等。对这一类依赖于能量耗散的非平衡过程建模的理论研究不多，如细胞分裂中 Min 蛋白斑图生成的反应－扩散理论，微管－分子马达系统体外自组织，平滑肌细胞力化学的软玻璃模型。

5）蛋白质相互作用与基因调控网络的动力学研究。利用非线性动力学的理论与方法研究一些模式生物，如噬菌体、大肠杆菌、酵母菌、果蝇等的演化动力学，状态稳定性，结构稳定性。

6）生物代谢网络的理论研究。用线性规划理论及优化理论研究生物代谢系统的效率。Palson 提出了生物代谢系统在任何环境下都可以使生物物质产生速率达到最优，并从实验中得到了验证。目前，用何种优化函数才能真实反映生物新陈代谢系统还不明确，控制代谢系统的基因调控网络的研究也刚刚开始。

7）细胞膜弹性、膜结构及功能。

在生物物理与生物信息学的交叉研究方面，生物信息学旨在从生物数据集（如序列、结构、芯片数据、网络拓扑结构等）发现显著的统计模式。这些模式中可能包含了与生命系统不同尺度上时空有序性相关的信息，因此用生物信息学来帮助理解生物大分子甚至细胞的物理学是一条可能的途径。国际上已经开展的工作包括：

1）体内短链 RNA 分子二级结构的预测。由于细胞体内分子相互作用极其复杂（如 RNA 分子折叠过程与其合成过程偶联），RNA 分子体内结构可能根本不同于体外热平衡态，“自由能最小”判据对结构预测并不充分。另一方面，不同物种的同源 RNA 分子因为承担相同的功能，体内折叠的最终结构应该相近。利用生物信息学分析同源 RNA 序列组，筛选出可能的“共突变”碱基对，这一信息即可帮助判断二级结构（发夹区）在序列上的定位。事实上，将热力学模型和“共突变对”信息联合运用，则预测的正确率大大高于单独使用其中任何一种方法。目前，在蛋白质二级结构预测方面，人们正在尝试类似的思路。

2）细胞结构与表观行为的关系研究。大肠杆菌活体细胞中染色体形呈现出多个拓扑独立的环区，这一结构取决于 DNA 超螺旋的程度。早就知道该结构影响基因组表达，但两者关系始终未能澄清。最新的进展来自于芯片技术和生物信息技术的结合，以整个基因组转录量作为系统变量，通过调节 DNA 超螺旋来改变基因组转录，并运用基因芯片监测转录量的变化，对所得的芯片数据结合基因组序列数据进行信息学分析，初步揭示了基因转录在空间上存在长程关联，显示了这种关联与染色体多环结构之间的显著相关性。这类研究巧妙地以分子生物学及生物信息学作为工具来研究细胞结构，可视为系统生物学整合研究的范例。

3）电子细胞。这项研究集成了大量代谢调控的信息，以（常/偏）微分方程的形式通过计算机来模拟细胞的代谢行为，并与实验研究相互印证。

（2）国内研究现状

我国在理论生物物理方面已经有比较领先的工作，如生物膜弹性的液晶理论、关于 dsDNA 弹性的统计物理模型、DNA 力学在基因转录调控中可能机制、复杂网络的记忆特征、氨基酸分类、蛋白质折叠子分类等。在生物物理与非线性科学的交叉上，我国在某些方面也处在领先地位。例如用非线性理论研究了酵母菌的细胞周期网络，揭示了细胞周期网络具有全局状态稳定性、其生物路径是一个一维稳定流性、网络具有结构稳定性等特征。在生物网络拓扑性质与动力学性质关系的研究方面也有一些独到的成果。在一些新领域，如分子马达、基因调控的物理学、生物信息学与生物物理交叉等方面的研究也已经起步。但总体来看，涉及面还不广，课题深度不够，而在提出新问题、新思路、新方向方面尤为缺乏。另外，国内生命科学界对生命科学从定性科学到定量科学的转变准备不足。例如，国内很少有以模式生物，如酵母菌、线虫等为研究对象的实验室，在基础性研究上显得底气不足。在这种情况下很难形成与数学、物理等学科的实质性合作研究。这些问题的主要原因是国内还没有形成理论生物物理与其他学科的交叉平台，从学科设置、项目支持渠道、研究人员配置上都几乎处于无组织状态，在这种情况下很难完成系统的、有创新意义的研究课题。

4. 新的科学问题

现阶段分子/细胞生物物理学集中于基因转录、DNA 复制、染色体分离、细胞分裂等最基本的分子过程上，致力于阐明这些过程的物理机制（如能量学、动

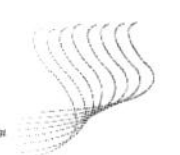

力学）。进一步的研究必然要考察细胞对环境因子应答的物理学，例如对机械力、温度、渗透压、微重力等因子的响应。这些问题曾属于细胞生理学的范畴，但在系统生物学的背景下，结合分子生物学（特别是基因调控研究）的成果对它们重新进行表述，将导致更加深刻的理解。这种整合式的研究将实现系统生物学的终极目标：了解活细胞的设计原则，即细胞物质结构的组织原则、分子调控网络的构架原则、适应行为策略集的组织及进化原则，以及这三者之间的关系。如何将这三个层面的知识整合成统一的概念框架（例如，分子调控层次的“网络”概念能否及如何表示细胞的空间复杂性和有序性）是系统生物学的关键。电子细胞仿真迈出了信息整合方向上的第一步，但距离完整的电子细胞尚远。另一方面，类细胞物理体系的人工实现将加速这一整合过程，这是物理学、化学及生物学真正融合的领域。在蛋白质相互作用与基因调控网络的基础上，研究网络的拓扑性质、动力学性质及其它们之间的相互关系，定量研究生物功能，这对非线性科学是一个全新的课题。对于这个方向的研究不但可能给理论生物物理带来重要的突破，还将大大推动非线性科学的发展。它将是理论生物物理与非线性科学交叉的一个重要研究方向。

5. 对策和建议

在对基础研究的正确认识、关注科学前沿发展和合理学科布局的原则下，将理论生物物理与各个学科的交叉作为物理学的一个新的前沿分支。从学科设置、项目支持渠道、研究人员配置上促进这个分支的系统建立与发展。如果措施得当，相信我国在 10 年左右可以达到国际先进水平。建议采取的措施是：

1）在重点高等学校物理系和相关研究所成立理论生物交叉研究中心，吸引对此交叉学科有兴趣的数学、物理、化学、生物、计算机等学科的研究人员参加研究，联合培养研究生。

2）通过举办理论生物交叉研究讲习班、暑期学校和研讨会等方式培训研究人员和学生。

3）鼓励形成以研究基础生命理论问题为中心的实验室。建立研究模式生物的实验平台，在基础研究上与国际接轨。

4）国家自然科学基金委员会、中国科学院、教育部等相关部门加大对交叉学科的支持，提供合理比例的经费，提供交叉学科创新群体平台，近年设立若干项目，重点支持。

5）参照“计算机要从娃娃抓起”的原则，应在中小学及大学教科书改革中增加现代生物物理科普及提高程度的内容。在大学物理系增设相应的教研室及专业，培养硕士研究生和博士研究生。

（六）软物质物理

1. 研究领域界定、背景和特点

软物质（soft matter）又称软凝聚态物质（soft condensed matter），是指处于固体和理想流体之间的物质。它一般由大分子或基团组成，如液晶、聚合物、胶体、膜、双亲体系、泡沫、颗粒物质、生命体系物质等，在自然界、生命体、日常生活和工业生产中广泛存在。软物质与普通固体、液体、气体运动规律有许多本质区别。软物质中的复杂相互作用和流体热涨落导致了它的特殊性质。它的基本特性是对外界微小作用的敏感和非线性响应、自组织行为等。

软物质与人们日常生活密切相关，如橡胶、纤维、墨水、洗涤液、饮料、乳液及药品和化妆品等。在工业技术应用上的软物质有液晶、聚合物、胶体等。生物体基本由软物质组成，如 DNA、蛋白、细胞、体液等。对软物质的深入研究将对生命科学、化学化工、医药、食品、材料、环境、清洁工程等领域及人们日常生活有广泛影响。

软物质研究的范围十分广泛，包含内容非常丰富。既有共同的特点和运动规律，不同对象又有自身的特殊性。其组成复杂，小至原子和分子尺度的相互作用，大到宏观的运动。既有类似固体的形态，又有流动的行为。认识软物质所需的知识包括物理、化学、生物的一般概念，更需有与传统观念不同的新视角。其表观特征为对小作用的敏感性、自组织行为等，而其实质是复杂的相互作用所导致的涨落、输运、弛豫等特殊运动规律，一般处于非平衡状态。这些作用和运动的形式、机制和动力学因素还远未认识清楚。

软物质物理是凝聚态物理的重要前沿。20 世纪的物理学开拓了对物质世界的新认识，相对论和量子力学起了支配作用。相对论揭示了质量和能量、时间和空间之间的深刻联系，量子论揭示了微观世界的基本运动规律，量子力学研究使人们深入认识了“硬物质”（如金属、半导体及各种固体）的性质，对技术和社会产生了巨大推动作用。然而，软物质的运动规律和行为主要不是由量子力学的基本原理直接导出，其自组织行为和新标度规律，是由内在特殊相互作用和随机涨落而引起。

21 世纪物理学发展的一个主要方向是对复杂体系运动规律的研究。一般固体和液体的基本作用单元是原子和分子，原子或分子及相互作用决定了固体和液体的性质。软物质是一类复杂体系，其基本单元是原子和分子组成的不均匀集团，并由不同集团混合组成。这些集团组成、构型和相互作用的复杂性，决定了软物质与一般固体和液体不同的奇异特性。研究这一新的复杂物质类型及其特殊

运动规律，软物质物理将成为凝聚态物理研究的一个重要方向。

2. 交叉的重要性

生命体系的基本组成部分以液晶、聚合物、胶体、膜、双亲体系、泡沫等形态存在。它们构成了生命运动的基本组元和构件，被称为生物凝聚体，属于软物质研究范畴，对其深入研究是理解生命活动的基础。因此，软物质物理是物理学和生物学连接的最紧密界面。在化学化工及材料科学领域，许多物质，例如药物、精细化工制品、新型电池、纺织品、纳米结构等的合成和制备过程，均与软物质的微观和宏观基本作用及变化规律密切相关。探索超分子和自组装等新材料形貌变化和新有序结构产生的机制，是许多新型功能材料控制和设计的理论基础。软物质研究也涉及环境科学、自然灾害有关的许多问题。生态和环境科学中，复杂的气－液－固体系的相互作用、分布、转化、输运等基本规律也是软物质物理研究对象。对各种自然灾害，如地震、塌方、泥石流、浮冰、沙漠运动和沙尘暴等的认识和预警，与颗粒物质相互作用和流动规律密切相关。因此，软物质物理是物理学与生物、化学、材料、环境科学等学科广泛交叉的桥梁。

3. 国内外现状和趋势

（1）国际研究状况

人们接触软物质已有很长的历史。化学家特别是物理化学家，对若干软物质体系（如液晶、聚合物）做了许多研究工作。然而，将软物质作为一类普遍物质形态进行深入物理研究还只有 10 多年。20 世纪 80 年代末，一般以复杂流体（complex fluid）一词来概括此类物质。1991 年，法国著名物理学家、诺贝尔奖获得者 de Gennes 在诺贝尔奖授奖会上以“软物质”为演讲题目，引起广泛关注。近年来，各国纷纷开展软物质研究，美国和欧洲许多大学物理系建立了软物质研究组。美国重要的研究机构如洛斯阿拉莫斯国家实验室和布鲁克黑文国家实验室等也建立了软物质研究组。1999 年，美国很多大学及研究机构的著名教授在加利福尼亚大学成立了复杂自适应物质研究所（Institute for Complex Adaptive Matter，ICAM），并设立了欧洲分部，主要研究对象是软物质、硬物质和生命物质展现出的新奇现象。总的看来，欧洲和美国对软物质开展的研究比较广泛深入。

另一方面，美国物理学著名的 *Physical Review* 系列杂志，在 1993 年开辟了 *Physical Review E* 分册，主要刊登软物质等方面的研究论文，从 2001 年起，分成两大栏目，第一大栏目就是“软物质和生物物理”。近年来，*Physical Review*

Letter 也开设“Soft Matter，Biological，and Interdisciplinary Physics”栏目。从2000年开始，《欧洲物理学杂志》开辟子刊 *The European Physical Journal E—Soft Matter*。欧洲物理学会 *Physica A* 1998年开辟了“软凝聚态物质”专栏。英国皇家化学会2005年6月新出版 *Soft Matter*。软物质研究发表的论文越来越多。近年来，国际上已经出版有关软物质的专著等书籍约20种。许多国家包括发展中国家（如伊朗等）纷纷举办软物质讲习班和研讨会，培训人员，开展研究。

这些均表明，软物质物理是近年来物理学发展的重要学科，已经成为受到普遍重视的新前沿学科领域，是21世纪物理学发展的重要趋向之一。

（2）我国研究状况

我国化学家进行胶体、聚合物研究已有很长时间。软物质物理的研究前期主要是液晶、聚合物、生物膜等理论研究工作。近10年来，随着国际上软物质研究的发展，国内多次组织了软物质讲习班、暑期学校和学术会议，对国内软物质物理的研究工作起了重要推动作用。目前从事软物质物理研究的主要单位有中国科学院物理研究所、理论物理研究所，复旦大学，南京大学，上海交通大学，武汉大学，北京大学，中山大学等。它们建立了软物质物理实验室、研究室或研究组。国内软物质物理主要研究内容包括：聚合物、胶体、生物膜、自组织形成机理与演化动力学、软物质形貌控制和设计、蛋白质折叠动力学、单分子观测与操纵、电（磁）流变液和颗粒物质等。目前已获得一批成果，形成了约100人的研究队伍。

4. 新科学问题和重要研究方向

（1）软物质基本物理共性——自组织、扩展对称性、熵作用

软物质与理想固体和简单流体本质的区别在于：在固体和流体中，起作用的基本单元是原子和分子，原子（或分子）之间的作用决定了固体和流体的结构和性质。软物质的基本单元是原子和分子集团，尺度从纳米到微米或更大，这些基团的总能量比单个原子或简单分子大得多。而基团之间是弱连接，连接区域的界面一般又具有复杂结构。整个体系的密度和结构在微观层次上不均匀，而宏观上又是均匀的。因此，软物质表现出柔软性、易变性等奇特行为。支配其行为的是流体的热涨落和固态约束特征共存，再加上连接界面层的复杂相互作用。

软物质具有下列特点：

1）存在新的相干序。在软物质中出现了理想固体和简单流体中一般观察不到的新的相干序，这种相干序通过自组织实现，具有空间扩展对称性。自组织和扩展对称性可在软物质不同层次上出现，既可在基团之间，又可在基团（如大分子）之内出现。

2）基团之间的作用为布朗运动。在基团内和流体中分子热运动呈现复杂的

影响，而对于基团的作用则为布朗运动，随机涨落对软物质状态变化至关重要。

3）熵的主导作用。由于基团之间或大分子基团片段之间作用很弱，熵的作用对软物质整个体系的组态起关键作用，与一般固体和液体中内能起主导作用不同。明显的例子是，弹簧的拉力源于原子间相互作用能，橡皮的拉力则是聚合物分子熵变引起。正是软物质的自组织能力、标度规律以及熵的主导作用，构成了其运动规律的特殊性。所出现的非线性响应和非平衡状态，无法用传统凝聚态物理的观念进行解释。如何认识软物质的运动规律和复杂相互作用动力学，对物理学家提出了新的挑战。

应注意的研究方向是：胶体、聚合物中相分离、成核和有序结构形成的物理机制，自组装/自组织过程中熵力和外驱动的复杂相互作用，能量、熵、动力学效应竞争对有序结构形成的影响，稳定性和非平衡动力学演化机制，不同尺度下有序结构的调控和设计。

（2）生命体系基本单元及其组合体的构成、性质和变化规律

生命体系基本单元及其组合体，如蛋白质、DNA、膜、体液等及其组合体细胞、血液、脂肪等，其物理特性和运动规律具有软物质基本特征。蛋白质折叠及动力学，膜的结构和性质，DNA 性质和行为，生命体系中自组织，甚至生物体形状的形成等均是当前热门课题。如何将非平衡态统计物理用于生命体系是理论物理学家面临的重大问题。然而，软物质物理并不等同于生物物理，也不能认为软物质研究可解决生命活动的全部问题。例如，活细胞中包含聚合物链、类脂胶束、大离子以及自组装成的结构，这些构成单元的奇特行为是否对了解生命的机制具有本质意义，至今还不太清楚。微相分离、熵作用和膜张力传播等物理效应，可解释蛋白质折叠、细胞中有序集合体的形成以及细胞中高度有组织的迁移等现象，但并非全部。以酶为例，其作用可能只是一系列催化作用下的分子反应。因此，生命科学是物理、化学、生物学科的交叉科学。软物质物理正是物理学通向生物学的最密切的界面。研究这些生命体系基本单元的相互作用、形成机理和变化规律是软物质物理的一个重要目标。

重要的研究方向是：蛋白质折叠及动力学、膜的结构和相互作用、DNA 的行为和性质、蛋白质－蛋白质相互作用与其结构的关系、生命组织单元中形态演化规律和自组织形成机理、结构与功能的关系等。

（3）软物质中界面和受限液体的结构和性质

软物质的基本组成单元的大小为介观尺度，如气泡、液滴、微粒、膜、聚合物溶液和双亲体系等，界面占很大比例。界面处的原子或分子与体状态很不相同，且常常是多组分构成，呈现特别复杂的相互作用。在液－固体系中表现出的浸润性及表面张力的区别，将影响颗粒或分子的聚集、沉降、扩散、输运，从而有不同的自组织行为，决定了体系的宏观性质及流动状态。在膜和双

亲体系中，界面更是决定作用的因素。受限于介观尺度的液体，由于固体界面上原子的作用，靠近界面的液体会形成与远离界面液体不同的构型，致使受限液体的性质发生很大变化，如凝固点、沸点将会改变，输运和流动行为也大受影响。研究软物质中界面及受限液体结构和性质的困难在于微观尺度上进行实验观测。

重要的研究方向是：软物质界面的微观结构及相互作用、膜和双亲体系的组构形态和性质、界面的浸润性、表面张力和流动性质、受限液体的微观结构和性质等。

（4）颗粒物质的运动规律

颗粒物质在自然界、日常生活及生产和技术中普遍存在，是离散态物质体系。它具有丰富的现象和不同于通常固、液、气物质的独特运动规律，如颗粒中力和波的传递、颗粒的成拱现象、颗粒的堆积和崩塌、颗粒振动导致分离和组态变化、颗粒流动和堵塞、颗粒碰撞的能量耗散、颗粒物质变化与其经历相关等。人们对颗粒物质行为的物理本质的认识还很不深入，不能用通常解释固体和流体的理论给予解答，以至不能给出表述其状态的合适方程。如何认识颗粒物质运动规律，是引起广泛兴趣的重要科学问题。2004 年 8 月美国一批著名物理学家讨论提出的物质集体行为起源的 11 个大问题，2005 年 7 月《科学》杂志提出的 125 个科学大问题，均将颗粒物质列入其中。对颗粒物质运动变化规律的深入认识，不仅是物理学发展的一部分，而且将开启理解地球和地质变化、灾害成因、很多其他科学技术问题的门户。

重要的研究方向是：颗粒中力和波的传播、颗粒振动和流动中的组态分布和行为、颗粒物质崩塌的临界现象和规律、颗粒流变化和堵塞发生的条件和根源、颗粒碰撞的能量耗散、描述颗粒运动一般理论等。

（5）外场作用下软物质的行为

在外加电场、磁场、外力等的作用下，软物质中结构和相互作用会发生变化，产生奇特的行为。外加切变力可使聚合物和胶体等的流变行为产生剪切变黏或剪切变稀。一般认为，这是由于分子或胶体颗粒的自组织状态和构型变化所致。电（磁）流变液则是在电（磁）场作用下可使某些胶体从类似液态变为类似固态，实现软－硬快速、可逆、连续可调。这是由于胶体中颗粒的极（磁）化改变了相互作用和聚集状态。在液晶、新型电池及有些材料制备等过程中电（磁）场的作用可改变基团、分子或离子等的扩散、输运和聚集状态，对性质有很大影响。研究软物质的电、磁、声、光和力的响应机理涉及对软物质的深入认识，也有重要应用价值。

重要研究方向是：在外加电场、磁场作用下，软物质中自组织状态和构型的变化、软物质在外场作用下的扩散、输运和聚集状态变化规律及其响应机理、巨

电流变效应的机理、外切变力作用下聚合物和胶体的流变和弛豫等。

5. 存在的主要问题

在软物质研究发展的过程中，国际上很早就有一些著名物理学家做过重要贡献。爱因斯坦著名的布朗运动理论是软物质物理的重要基础，还有如 P. Debye（胶体和聚合物物理）、I. Langmuir（胶体物理和膜）、L. Onsager（胶体、液晶和聚合物物理）、L. Landau（胶体物理）、P. Flory（聚合物物理）、P. G. de Gennes（液晶、聚合物、颗粒物质和乳状液）、G. Friedel（液晶物理）、C. Frank（液晶物理）、M. Volkenstein（聚合物物理、生物大分子物理）、I. Lifshitz（聚合物物理）、S. Edwards（聚合物物理和颗粒物质物理）以及其他一批物理学家。对软物质的研究，如聚合物、胶体等，过去化学家们也进行了很长时间工作。我国著名化学家傅鹰先生和钱人元先生就是胶体和聚合物研究的专家。以前，我国物理学界只有很少的理论物理学家关注这一新物质领域的发展，进行了一些工作。在我国凝聚态物理领域，在很长时间内，往往是很多人聚集于固体物理研究，固体物理之外的软物质研究没有受到应有的重视。软物质物理和流体物理的研究几乎处于空白状态。例如，对胶体、乳液、泡沫、颗粒等，无人问津。重要的生命之源——有丰富内容的水的研究至今还受到冷落。液晶的研究也已基本被丢弃了。致使在国际上新学科发展起来时，我们缺乏先期工作基础和人才的积累。

我国软物质物理研究当前存在的主要问题是：

1）研究基础比较薄弱，实验研究更薄弱。

2）与物理学其他学科相比，软物质物理的研究队伍小，人员少。

3）研究领域窄，对于软物质物理的许多重要领域如液晶、胶体、乳液、泡沫等，包括水相关的重要问题，很少有人研究。

4）经费支持少。

6. 对策和建议

在对基础研究的正确认识、关注科学前沿发展和合理学科布局的原则下，将软物质物理作为物理学的一个新的前沿分支学科给予重视，促进与化学、生物和材料科学等的交叉，以使这一领域得到扎实而又较快的发展，在 10 年左右的时间达到国际先进水平。建议采取的措施是：

1）在主要重点高等学校物理系和相关研究所成立软物质物理研究组、教研室或研究室，开展软物质物理研究。鼓励培养研究生，在有条件的高校物理系和科学院研究生院开设软物质物理研究生课程。在大学物理教育中适当增加软物质物理内容。

2）在物理学会中设立软物质物理专业委员会，开展学术活动，促进学科发展和学术交流，组织国际合作。通过举办软物质物理讲习班、暑期学校和研讨会等方式培训研究人员和学生。

3）鼓励和促进软物质物理与化学、生物和材料科学等的交叉研究，组织有相关领域的研究人员的专题研讨会，进行交流，并促进合作。

4）国家自然科学基金委员会、中国科学院、教育部等相关部门加大对作为物理学新兴学科的软物质物理研究的支持，提供合理比例的经费。近年设立若干项目，给以重点支持。

（本文选自 2006 年咨询报告）

咨询组成员名单

王乃彦	中国科学院院士	中国原子能科学研究院
欧阳钟灿	中国科学院院士	中国科学院理论物理研究所
夏建白	中国科学院院士	中国科学院半导体研究所
柴之芳	研究员	中国科学院高能物理研究所
孙昌璞	研究员	中国科学院理论物理研究所
陆坤权	研究员	中国科学院物理研究所
欧阳颀	教　授	北京大学
汲培文	研究员	国家自然科学基金委员会
陈思育	研究员	国家自然科学基金委员会
张守著	研究员	国家自然科学基金委员会
蒲　钊	研究员	国家自然科学基金委员会

我国铸造技术的现状与发展对策

李依依　等

铸造是金属成形的一种最主要方法，它是热加工的基础。铸造的历史与华夏文明的历史一样悠久，我们的祖先在4000多年前就铸造出了精美的“三星堆”青铜器，其技术水平令人叹为观止。中国古代的铸造水平领先于世界，然而到了现代，作为全球铸件产量第一大国，中国的铸造水平却落后于发达国家。我国的铸件生产建立在能耗和原材料消耗高、环境污染严重的基础上。因此，分析我国铸造技术的现状并提出解决方案，对于振兴我国的铸造行业具有十分重要的意义。

一、我国铸造业的概况

我国铸件产量从2000年起超越美国，已连续6年位居世界第一。其中，2000年为1395万吨，2001年为1488万吨，2002年为1626万吨，2003年为1987.0504万吨，2004年为2242.05万吨，2005年估计为2600万吨，铸件年产值超过2500亿元。我国铸件产量占世界总产量的1/4之多，毫无疑问，中国已经成为世界铸造生产基地。根据Modern Casting 2005年第12期公布的铸件产量统计数据，全球主要铸件生产国2004年的产量统计如表1所示，十大铸件生产国可分为两类。一类是发展中国家，虽然产量大，但铸件附加值低，小企业多，从业人员队伍庞大，黑色金属比重大。另一类是发达国家，如日本、美国及欧洲国家，采用高新技术，主要生产高附加值铸件。我国人工成本低于1美元/时，与发达国家相差几十倍，因而出口铸件具有优势。但原材料涨势凶猛，致使我国在材料成本竞争方面并不占优势。

发达国家总体上铸造技术先进、产品质量好、生产效率高、环境污染少、原辅材料已形成系列化。欧洲已建立跨国服务系统，生产实现机械化、自动化、智能化。生产过程从严执行技术标准，铸件废品率约为2%～5%。重视用信息化提升铸造工艺设计水平，普遍应用软件进行充型凝固过程模拟和工艺优化设计。

铸件出口近年虽然有所增长，但出口只占我国总产量的9.7%，占世界铸件市场流通量不到8%，总体增速缓慢，表现为质量较差、价格低。从批量和劳动生产率看，欧、美、日的优势很大，日本的劳动生产率是人均年产铸件140吨，我国估计约为20吨，相差7倍，可能在不久的将来就会抵消我国人工成本方面的优势。近年来材料价格猛涨，也使我国出口铸件在材料成本方面的优势消失殆尽。在产品质量和档次方面，我们远落后于发达国家。长期以来，我国出口的铸件以中低档产品为主，各类管件、散热器、厨具及浴具占到36%。一些出口铸件虽然可以达到国际标准，但要达到欧美客户标准还有距离。

表1　2004年世界铸件产量排名前十的国家铸件产量

国家和地区	铸铁件		铸钢件		有色铸件		合计	
	产量/万吨	比例/%	产量/万吨	比例/%	产量/万吨	比例/%	产量/万吨	比例/%
中国	1 744.14	28.94	272.79	41.36	225.12	17.47	2 242.05	28.12
美国	843.32	13.99	103.06	15.63	285.04	22.12	1 231.41	15.44
日本	463.19	7.69	25.83	3.92	149.62	11.61	638.64	8.01
德国	390.22	6.48	18.61	2.82	89.61	6.95	498.45	6.25
印度	366.20	6.08	58.10	8.81	38.00	2.95	462.30	5.80
巴西	237.75	3.95	21.18	3.21	24.06	1.87	282.99	3.55
法国	194.35	3.22	11.50	1.74	40.71	3.16	246.56	3.09
意大利	143.71	2.38	7.04	1.07	93.38	7.25	244.13	3.06
墨西哥	142.00	2.36	4.52	0.69	72.00	5.59	218.52	2.74
韩国	156.04	2.59	14.91	2.26	14.78	1.15	185.73	2.33
世界铸件总产量（36个国家和地区）	6 026.46		659.48		1 288.61		7 974.55	

在国内，铸造是关系国计民生的重要行业，是汽车、石化、钢铁、电力、造船、纺织、装备制造等支柱产业的基础，是制造业的重要组成部分。在机械装备中，铸件占整机重量的比例很高，内燃机占80%，拖拉机占50%～80%，液压件，泵类机械占50%～60%。汽车中的关键部件如缸体、缸盖、曲轴、凸轮轴、减速箱体、缸套、活塞、进气管、排气管等几乎全部铸造而成；冶金、矿山、电站等重大设备依赖于大型铸锻件，铸件的质量直接影响着整机的质量和性能。

我国铸造生产企业主要分布在东部，西部产量较少。图1为2003年铸件产量在各大区分布情况。其中，华东地区占40.3%，华北地区占20.7%，中南地

区占19.5%，东北地区占12.4%，西南地区占3.9%，西北地区占3.2%。按省级行政区划分，铸件产量位居前三名的依次是江苏省、山东省和辽宁省。目前全国铸造企业约有24 000家、从业人员约120万人。从产业结构看，既有从属于主机生产厂的铸造分厂或车间，也有专业铸造厂，还有大量的乡镇铸造厂。就规模和水平而言，既有工艺先进、机械化程度高、年产数万吨铸件的大型铸造厂，如重型行业、汽车行业、航空工业的一些先进的铸造厂；也有工艺落后、设备简陋、手工操作，年产铸件百余吨的小型铸造厂。

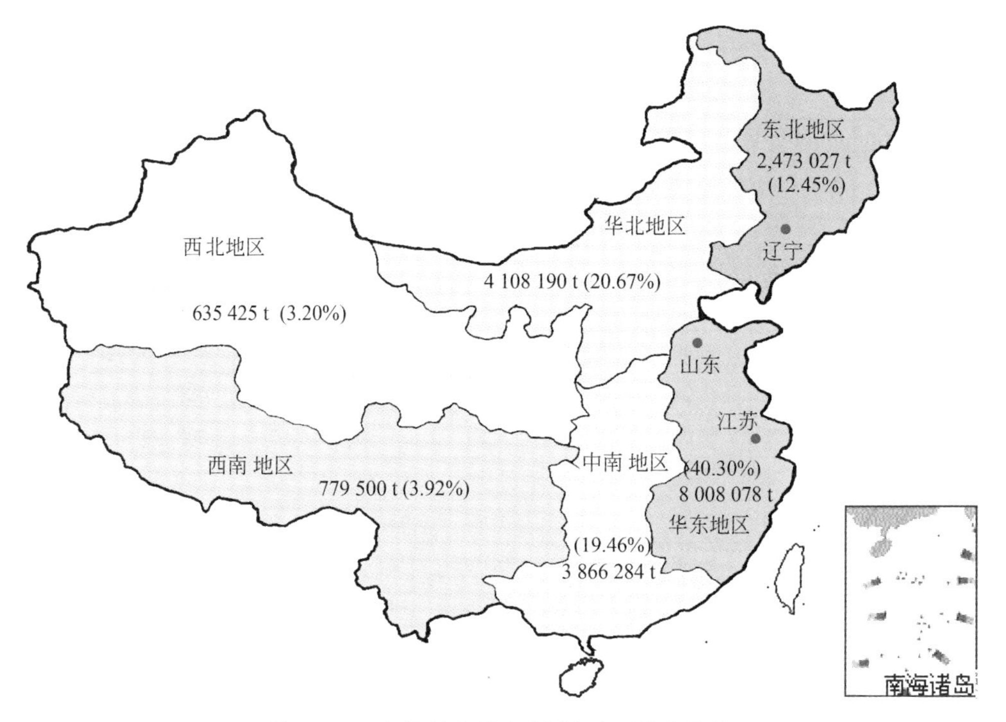

图1　2003年铸件产量在全国各大区分布情况

二、我国铸造业存在的问题

我国铸造行业的技术水平比发达国家落后约20年，不能满足国民经济快速发展的需要。我国铸造业存在的技术落后、设备陈旧、能耗和原材料消耗高、环境污染严重以及工人作业环境恶劣等问题，已经成为行业的共识。铸造业管理、技术落后及科研与生产脱节等方面存在五大突出问题：①技术和装备差；②管理水平低、人员素质低；③自主创新能力弱；④铸件能耗和原材料消耗高、合格率和工艺出品率低，环境污染严重；⑤铸造以经验生产为主，几十年来铸造工艺进步缓慢。

具体表现如下。

1. 工艺水平低，铸件质量差

1）铸件加工余量大。由于缺乏科学的设计指导，工艺设计人员凭经验难以控制变形问题，通常铸造工艺设计比较保守，铸造的加工余量一般比国外大1~3倍。以叶片铸造为例，法国生产的叶片单面加工余量小于30毫米，国内却高达50~70毫米。加工余量大，铸件的能耗和原材料消耗严重，加工周期长，生产效率低，这已经成为制约行业发展的瓶颈。特别是大型铸件集中表现为加工余量大和“三孔一裂”（即气孔、渣孔、缩孔和裂纹）缺陷，铸件迫切需要“瘦身”。

2）大型铸件偏析和夹杂物缺陷严重。大型铸钢件和大型钢锭在凝固结束后，在冒口根部、铸件的厚大断面存在宏观偏析、晶粒粗大问题。由于冶炼工艺、浇注工艺和耐火材料选择不当，关键铸件经常由于夹杂物超标而报废。

3）铸件裂纹问题严重。铸件的裂纹缺陷常常导致铸件报废，是铸造过程中最难以克服的缺陷之一。

4）浇注系统设计不合理。传统的浇注系统设计主要有封闭和开放两种形式，由于设计不当，经常导致卷气、夹杂等缺陷。冒口设计过于保守，冒口尺寸大，导致铸件出品率和合格率低。

5）模拟软件应用不普及。国外的铸造企业中，铸造过程模拟是铸件生产的一个必要环节，如果没有计算机模拟技术，就拿不到订单。我国的铸造业计算机模拟起步较早，虽然核心计算部分开发能力较强，但整体软件包装能力较差，导致成熟的商业化软件开发远落后于发达国家，应用效果不佳，相当一部分铸造企业对计算机模拟技术望而却步，缺乏信任。现在这种局面有所好转，但购买了铸造模拟软件的企业中，能够发挥其作用的还不多见。现在急需对企业员工进行软件应用培训。

6）普通铸件的生产能力过剩，高精密铸件的制造依然困难，依赖进口核心技术和关键产品。对引进的核心技术的吸收和消化能力差，导致引进技术的铸件质量达不到引进国家的水平。例如，20世纪80年代，我国从英国FOSECO公司引进五大类42个品种造型材料生产技术，虽然经消化吸收使基本原料国产化，但生产的涂料等产品仍赶不上FOSECO公司在中国自行建厂组织生产的产品质量，在重要的铸件生产上，国内铸造厂家宁愿高价买其产品应用，从而促使该公司在中国不断发展壮大。

2. 能耗和原材料消耗高

铸造行业是国民经济耗能较多的行业之一，占机械工业总耗能的25%~

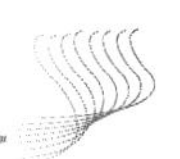

30%，能源平均利用率为 17%，铸造生产的能耗约为铸造发达国家的 2 倍。我国每生产 1 吨合格铸铁件的能耗为 550 ~700 千克标准煤，国外为 300 ~400 千克标准煤，我国每生产 1 吨合格铸钢件的能耗为 800 ~1000 千克标准煤，国外为 500 ~800 千克标准煤。据统计，铸件生产过程中材料和能源的投入占产值的 55%~70%。中国铸件毛重比国外平均高出 10%~20%，铸钢件工艺出品率平均为 55%，国外可达 70%。

3. 环境污染严重、作业环境恶劣

我国除少数大型企业（如一汽、二汽、大起大重、沈阳黎明公司等）生产设备精良、铸造技术先进、环保措施基本到位以外，多数铸造厂点生产设备陈旧、技术落后、一般很少顾及环保问题。20 世纪 80 年代，政府对规模小、技术水平低、污染严重的企业进行了专业化调整，提高了企业的集约化程度，但是铸造生产的粗放型特征没有得以根本改变。生产现场环境恶劣、作业条件差、技术落后、粗放式生产的铸造企业占 90% 以上；1998 年在匈牙利举办的第 63 届世界铸造会议上颁发了环境保护奖，获奖铸造厂中没有一个在中国，这与中国的铸造大国地位极不相称。我国铸造业的环境问题还表现在对自然资源的超量消耗上。

铸造生产中炉料（主要是生铁、废钢、焦炭、石灰石等）、型砂、芯砂（主要是原砂、黏土、煤粉、树脂等黏结剂、固化剂、旧砂等）的运输、混砂、造型、制芯、烘烤、熔化、浇注、冷却、落砂、清理和后处理等工序，就其作业内容来讲是在机械振动并在噪声中进行，有的还在高温（如熔化、浇注）中作业，有的产生刺激性气味，粉尘作业环境更是广泛和恶劣的。在我国铸造车间每生产 1 吨铸件，约散发 50 千克粉尘，熔炼和浇注工序排放废渣 200 千克、废气 20 立方米，造型和清理排废砂 1. 3 ~ 1. 5 吨。随着化学工业的发展，采用各种有机与无机黏结剂，在造芯与烘烤砂芯时，会有游离的甲醛等散发出来，污染环境。以年产 2200 万吨铸件计，我国铸造行业每年排污物总量为：废渣 440 万吨，废砂近 1650 万吨，废气 4 亿立方米。这些数据足以说明我国铸造行业环境问题的严峻程度，采用高技术实现绿色铸造是当前需要重点解决的关键问题。

4. 人才短缺

铸造技术人才的严重短缺是制约我国铸造技术发展的关键。我国铸造生产中人员问题主要表现在：①技术及管理人员数量偏少，分布不均。从统计的情况看来，不同厂家技术管理人员数量差异很大，最少的仅占总职工人数的 1. 2%，最多的占到 32. 3%，后者是前者的 27 倍。人员分布很不均衡，国企尤其是军工企业比例高。②高级人才数量少。铸造企业技术管理人才基本以中专、大专和本科生为主，特别是中专、大专生数量为多，研究生很少。③新人才来源困难。很多高校在 20 世纪 90 年代后不再设置铸造专业或铸造专业人数减少，一些大中企业的厂办学校也有下降趋势，新人才的来源日益困难。

铸造人才缺乏的根本原因在于企业待遇低、工作环境差。国有企业在岗职工年龄 40 岁以上的占 80%，20 ~40 岁的人员很少，人才出现断档。绝大多数民营企业由于机制灵活，工资分配上具有优势，虽挖走了一些国有企业的铸造人才，但民营企业从事铸造的专业技术人才，从年龄上看，大部分也已在 60 岁以上，绝大多数工人极少经过专业培训，许多是农民工从事铸造生产。整个行业的技术水平尤其是质量意识和质量控制水平不适应市场竞争的要求，铸造专业技术人才和高级技术工人短缺，铸造生产不遵守工艺规程，铸件质量不稳定。

三、我国铸造业发展的对策

我国铸造业正处在从铸造大国向铸造强国起步的新阶段。必须克服现实的能源、资源、人才瓶颈和环境问题的困扰。因此，企业必须抓住机遇，利用高技术提升铸件质量，扭转中国铸件在国际市场上技术含量不高、价格低廉的形象。要扶持一批具有优势的铸造企业使之成为具有国际竞争力的带动中国铸件出口的龙头企业。

我们建议的对策如下。

1. 加强对铸造新工艺、新材料、新设备的研究

加强铸造业的基础研究和应用研究，铸造行业中许多金属材料都是通用的和关键的。因为是通用的就应注重工艺研究和改进。同时又因为是关键的，所以更要加强材料工艺及计算机模拟等先进技术的采用以稳定产品质量。实际上，国内过分强调发展新材料，而忽视通用关键材料的工艺研究和质量稳定，而生产设备上许多问题却都出在这里，如三峡使用的水轮机转轮材料。

逐步减少和消除小冲天炉，发展 10 吨/时以上大型冲天炉，并根据需要采用外热送风、水冷无炉衬连续作业冲天炉；推行冲天炉-感应炉双联熔炼工艺；推广冲天炉除湿送风技术，冲天炉变频控制技术，增加除尘装置，减少电力耗费，60%的排放热量循环利用，冲天炉废气利用，废气排放达到国家的排放标准，消除对环境的污染，提高铸铁质量。

深入开展大型铸钢件的冶炼和浇注工艺研究。采用精炼技术、气体保护浇注技术、AOD 精炼技术，选择合适的耐火材料，提高铸件的纯净度，提升铸件质

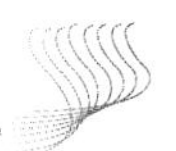

量。采用新型浇注系统和冒口设计原则，是提高铸件质量和工艺出品率的重要方法之一。以可视化铸造技术发展起来的新型无气隙浇注系统设计是铸造工艺的一项重大创新。它基于平稳充型，避免金属液湍流，防止夹杂等缺陷，确保铸件内在质量，延长使用寿命。用此技术，金属所与一重集团已能够制造大型铸钢支承辊。

冒口设计应根据材质不同，补缩能力不同，建立相关材料的数据库，借助计算机模拟手段，采用有效的保温材料，减少冒口尺寸，提高铸件工艺出品率，加强计算机对铸造工艺的优化设计，这是关键问题。

2. 开发环保型铸造原辅材料

建立新的与高密度黏土型砂相适应的原辅材料体系，根据不同合金、铸件特点、生产环境、开发不同品种的原砂、无污染的优质壳芯砂；抓紧我国原砂资源的调研与开发，开展取代特种砂的研究和开发人造铸造用砂；研究并推广使用清洁无毒的原辅材料，使用无毒无味的变质剂、精炼剂、黏结剂，开发环保型砂芯无机黏结剂；用湿型砂无毒无污染粉料光洁剂代替煤粉等；采用高溃散性型砂工艺，如树脂砂、改性酯硬化水玻璃砂工艺、新型酯固化水玻璃，纳米改性水玻璃；加强对水玻璃砂吸湿性、溃散性研究，尤其是应大力开发旧砂回用新技术，环保型砂处理及再生技术；尽最大可能再生回用铸造旧砂，研究铸造用后的旧砂用于高速公路路基材料，特别是铬铁矿砂的回收利用可以降低生产成本、减少污染、节约资源。发展循环经济，以“减量化（reduce）、再利用（reuse）、再循环（recycle）”为行业准则（称为3R原则），走集约化清洁生产之路，合理使用资源，使用可再生材料和能源，确保铸造业的可持续发展。

3. 构建共性技术和高技术传输平台

1）构建共性技术平台，传输铸造共性技术。针对企业存在的共性问题，提高产品的合格率和工艺出品率，降低能耗和原材料消耗，为铸件“减肥”，实现绿色铸造。支持科研单位面向生产需求、着力解决生产实际问题，这应当成为铸造技术研究的主攻方向。

2）建立高技术传输平台。解决国内尚没有的技术难题。开发关键件的铸造技术，实现国产化。通过与国外的研究机构和企业合作，引进消化高新铸造技术，与工厂一道开发关键件的铸造技术研究，并转化为新产品进入市场。希望政府在这方面加大投入，鼓励大的科研机构与大型企业集团共同合作，解决事关国计民生的关键件国产化问题。

4. 注重能源与环保立法

铸造行业劳动条件恶劣，对环境的危害也较大。今后政策法规对这方面的限制力度应加大，环保劳保的准入门槛应升高，已有的技术落后、污染严重的铸造厂点应关闭。对从事冶炼、浇注和清理作业的工人和临时工应提高待遇，提供保险，政府部门从政策上应明确。加强能源的科学管理，加强节能技术改造或高耗能设备的更新换代。采用节能设备，逐步替代、淘汰老、旧等高耗能产品。开发节能的铸造工艺和设备是当前节能工作的一项重要措施。

5. 制定人才政策，加强技能培训

由于铸造是个苦脏累的行业，待遇也低，因此学生不愿学，工人不愿干，许多跨入这个行业的人也想尽办法跳槽，造成人才短缺。企业应从长远考虑，制定吸引和稳定人才的政策。针对目前许多高校不设铸造专业的情况，企业可采取委托培养及厂校联合办学方式培养人，特别要重视计算机软件的培训。企业还要加强全员职业技能培训，全面提升员工的技能与素质。通过建立全国性和地区性的技术培训基地，提高技术人员和工人的铸造水平。铸造企业的领导和管理人员要参加管理培训，掌握现代管理知识，建立起现代管理体系，依靠管理出效益。

6. 注重自主创新

加大铸造企业的重组和结构调整，进行专业化生产，实现地域化聚集，壮大龙头企业，使中小企业围绕产业链集聚，实现基础配套、特殊工序装备、检测设备、信息网络、环保设施等资源共享；充分权衡当地的资源、人力、资本和市场，一定要把握自己的优势，突出集群的特点。在企业、产品集聚的同时，带来信息的集聚、人才的集聚、技术的集聚，甚至竞争的集聚，产生规模效应。我们不应盲目地购买技术、设备和产品，必须加强自主创新，生产更多满足国民经济和国防安全的高精尖铸件，并将材料研究融入其中，参与国际竞争。在这方面，韩国的经验值得我们学习，他们在引进国外产品的同时，要求对方提供技术。这样韩国的企业很快掌握了新技术，通过改进和提升，快速达到国际先进水平。

（本文选自 2006 年咨询报告）

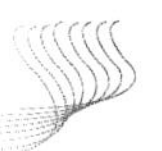

咨询组成员名单

姓名	职称	单位
李依依	中国科学院院士	中国科学院金属研究所
李殿中	研究员	中国科学院金属研究所
张玉妥	副教授	沈阳理工大学材料学院

关于我国艾滋病疫苗研发策略的建议

曾　毅　等

艾滋病是对人类健康和全球公共卫生的重大挑战，严重危害社会进步与经济增长。世界卫生组织（WHO）和联合国 HIV/AIDS 联合规划署（UNAIDS）在 2005 年底公布，目前全球存活感染 HIV/AIDS 总人数已经超过 4000 万人，已经死亡的艾滋病患者累计超过 3000 万人。

至 2005 年 12 月底，我国累计报告 HIV 感染者已超过 14 万人，估计全国存活感染 HIV/AIDS 总人数为 65 万人，每年新感染者约 7 万人。

当前，我国艾滋病流行已出现经性传播迅速上升的新情况，全国疫情正处于从高危人群向一般人群扩散的关键时期，防治任务更加繁重。

艾滋病的防治是一项长期的任务，战胜艾滋病必须依靠可持续发展的防治策略，只有同时开展宣传教育和干预以及疫苗预防等措施，人类才能最终战胜艾滋病。

一、国际艾滋病疫苗研发状况

目前国际上已进行了 120 个艾滋病疫苗的临床试验，正在进行临床试验的艾滋病疫苗包括：29 个 Ⅰ 期临床试验，4 个 Ⅰ/Ⅱ 期临床试验，3 个 Ⅱ 期临床试验和 1 个 Ⅲ 期临床试验。目前已完成的第一代抗体疫苗的 Ⅲ 期临床试验以失败告终。第二个规模更大的艾滋病疫苗 Ⅲ 期临床试验目前正在进行之中，其有效性有待验证。

目前所研制的疫苗在理论上均难以克服艾滋病毒所带来的挑战。由于艾滋病病毒的遗传多样性、基因的持续性突变免疫逃逸机制以及对艾滋病毒本身、艾滋病发病机制和机体防御机制的认识尚不完全清楚，因而使研发有效的艾滋病疫苗成为人类当今所面临的最为重大的挑战。

艾滋病疫苗研发 20 年未成功的主要原因除其是当前生物医学领域最大难题之一外，还存在着早期重视不够、投入不足，科研组织过于分散和缺乏合作等教训。WHO 和美国 NIH 等主要防治和科研部门早期对艾滋病疫苗研究重视不够，

投入力度严重不足。阻碍艾滋病疫苗发展的另一个原因是有限的资源过分分散，导致一方面许多队伍低水平重复建设，另一方面关键实验规模过小。

为了加速艾滋病疫苗的研发，国际上主要是欧美国家，政府加大了经费投入，加强科研机构之间的合作，支持以企业为主体的研发，并积极扩展国际合作。美国政府于1998年在NIH组建了疫苗研究中心（Vaccine Research Center，VRC）。2005年美国NIH又拿出3.5亿美元的巨资设立CHAVI（Center for HIV/AIDS Vaccine Immunology，即艾滋病疫苗免疫中心）计划。该项目由杜克大学牵头，哈佛、牛津等著名大学参与，研究范围包括从基础、疫苗设计到GMP生产和临床试验的全过程，试验现场远及非洲五国。这种新的机制很值得我国借鉴。

加拿大政府2001年也成立了疫苗和免疫治疗网络（Canadian Network for Vaccines and Immunotherapeutics，CANVAC）。该网络在不到三年时间已成为国际艾滋病疫苗研究中的一支重要力量。

泰国在政府的主导下于20世纪90年代中期就在WHO的支持下建立了国家艾滋病疫苗规划，成立了由政府牵头的协调委员会，使泰国成为进行国际艾滋病疫苗临床实验和评价最多和最成功的国家，在国家和WHO监控下既保护了本国受试人群的权益，又吸纳了国际先进临床研究经验和巨额（3亿~4亿美元）资金支持。

艾滋病疫苗很快成为欧盟最大的生物医学科研项目。欧盟组织启动了欧洲艾滋病疫苗计划（EuroVac），欧洲各国的21个在各自领域内顶尖的实验室和其他国家的优秀研究团队一起形成了强大的疫苗联合研究团队。

二、中国艾滋病疫苗研发状况

尽管中国艾滋病防治研究与国际先进水平还有很大差距，但从“八五”计划开始组建国内队伍，开展了15年艾滋病毒和艾滋病疫苗研究工作，培养了多支有一定实力的研发队伍，为我国参与国际艾滋病疫苗竞争积累了经验和资源。主要体现在以下方面。

1. 大规模分子流行病学研究奠定了我国艾滋病疫苗研究的基础

自20世纪90年代起在国内系统地开展了大规模的全国HIV分子流行病学研究，调查HIV感染者5000多人，摸清了中国7个HIV亚型的地理和人群分布，建立了拥有3000多个HIV流行株序列的基因库，从中筛选了主要流行代表株B′/C重组亚型CN54毒株和B′亚型RL42毒株作为疫苗原型株（这两类毒株占全国感染人群的80%）。这些工作为国内多支艾滋病疫苗研究队伍提供了基因克隆和序列资料，有力推动了国内的研究工作。

2. 初步建立了 HIV 疫苗生产的技术平台

“十五”期间，国内多家生物制药企业如长春百克生物科技有限公司、北京生物制品研究所与上游研发团队紧密合作，开展了 DNA 疫苗和病毒载体疫苗的生产工艺和质量控制方面的研究，探索出了一套既适合我国生产条件又达到国家 GMP 标准并与国际接轨的生产工艺和质量控制标准。长春百克生物科技有限公司的 DNA＋MVA 疫苗 I 期临床试验已完成。此外，我国在天坛痘苗病毒载体疫苗、腺病毒载体疫苗、腺病毒相关病毒载体疫苗、仙台病毒载体疫苗、多肽表位疫苗、蛋白疫苗等方面的艾滋病疫苗临床前研究上均取得一定的进展。

三、中国研发艾滋病疫苗的潜在优势

1. 具有集中力量办大事的制度优势

中国具有集中有效力量办大事的社会制度优势，同时又具有充分发挥市场经济优化资源配置的市场机制。充分发挥这种制度上的复合优势是推动我国艾滋病疫苗研发工作的重要保障。

2. 拥有适宜艾滋病疫苗临床评价的现场和基础资料

我国 HIV 流行现场因其高发病率和疾控网络的良好组织支持系统，备受国际艾滋病疫苗领域的重视。在美国 NIH 和国家攻关课题的大力支持下，我国在广西、四川和新疆完成了三个大规模吸毒人群达到国际水准的队列研究。同时也培养出一支艾滋病研究的科技队伍。

3. 拥有丰富的灵长类动物资源并初步建立了 HIV 疫苗的灵长类实验基地

我国有丰富的灵长类动物资源，可以作为研究艾滋病疫苗的模型。

4. 拥有大规模 GMP 生产的设施和企业

我国是全球最大规模的疫苗生产国，国内有许多大型骨干疫苗生产企业，完

全可以用于国内外艾滋病疫苗大规模生产。这可成为我国参与国际计划如 GAVE 计划的重要贡献。

以上事实充分显示了我国学者具有自主创新的能力，如得到国家相应的支持是完全有能力参与国际竞争并为全球艾滋病疫苗的联合攻关做出中国团队的贡献。

四、中国 HIV 疫苗研发存在的主要问题

中国 HIV 疫苗研究尽管取得了一些成绩，但从总体上来说在国际上的影响力有限，而且试验的疫苗均没有我国的自主知识产权。造成这种现状的原因是多方面的，包括上游研发资金的投入严重不足、研究创新不够、队伍间缺乏合作、疫苗研发上下游脱节，致使完成研制的疫苗进入 GMP 生产和由生产走完临床报批的周期太长。同时国家科技政策对象疫苗这样的贯穿上下游的系统工程仍采用条块分割的资助方式，缺乏连续和跟踪的资助机制。

五、对国家艾滋病疫苗研发策略的建议

（一）建立国家艾滋病疫苗发展战略和三个框架计划

为实现中国艾滋病疫苗研究跨越式的发展，我们建议尽快建立中国艾滋病疫苗战略规划（China National AIDS Vaccine Strategic Plan，CNAVSP），目的和工作任务是：依靠国家的资金和政策支持，全面统筹我国艾滋病疫苗研发工作，重新规划我国艾滋病疫苗研发的面上课题设置和攻关方向，指导成立作为重点和示范项目的计划，构建支持疫苗临床研究和产业化的各类基地，全面提高我国艾滋病疫苗的自主创新能力和高新技术的产业化进程，组织中国艾滋病疫苗研发队伍参与国际合作，为人类最终攻克艾滋病疫苗做出中国应有的贡献。

CNAVSP 应设立三个工作框架：一是基础与前沿技术，二是基地与平台建设，三是重点项目。基础与前沿技术项目按研究性质分为基础研究，应用基础研究和应用研究三个领域；基地与平台建设包括保证艾滋病疫苗临床试验顺利开展的三个主要技术平台，它们分别是支持临床前和临床试验研究的体外免疫测试、体内免疫测试（灵长类动物）和数据统计核心，进行临床试验疫苗生产的 GMP 中试基地，主要用于开展Ⅱ、Ⅲ级大规模疫苗评价的临床试验基地。在 CNAVSP 框架中，最重要的是重点项目。建议按国际惯例将中国艾滋病疫苗计划（China AIDS Vaccine Initiative，CAVI）作为其名称。CAVI 将我国自主创新艾滋病疫苗研究的核心资源和骨干队伍进行整合，强强联合，形成从实验室

研究、中试生产到临床试验的完整疫苗研发系统，加速推进其进入临床试验，实现国家中长期规划制定的至2010年完成中国特色艾滋病疫苗的Ⅲ期临床试验目标。

CNAVSP的三个工作框架各有侧重又相互支撑。这样我国艾滋病疫苗既能自主创新的独立发展又可胜任各类国际竞争，吸引国际资源与我国开展疫苗合作和多中心临床评价。借助国际合作潮流的推动，实现跨越式的发展，既为全球攻克艾滋病疫苗做出中国应有的贡献，又能保证在成功疫苗组合中有我国的自主知识产权，使我国在未来疫苗领域占据主动。

（二）国家艾滋病疫苗研发策略的研发周期和预算

1. 加大政府经费投入

经费不足是我国艾滋病疫苗研究研发存在的主要问题之一。建议国家设立艾滋病疫苗发展战略专项基金，大幅度增加经费的投入，五年经费约需10亿元，年均2亿元。除国家投入外还应建立吸引地方配套经费、企业投入、社会捐助和国际合作渠道资金投入的机制，尤其是在中下游研究领域。

2. 加大对自主创新环节的投入，充分调动企业积极性

政府资金应主要投向涉及知识产权归属的疫苗上游研究领域，以提高我国疫苗研究队伍的自主创新能力。应重点保证CAVI计划的资金需求，因为这是我国冲击国际艾滋病疫苗领域，保证在未来成功的疫苗组合中有我国一席之地的主要力量。在疫苗研发的基地建设上，各类疫苗测试和数据分析核心也都应由国家投入，因它们是为整个疫苗研发进行技术服务。疫苗的中试基地则应采取国家投入和企业配套相结合的方式。

3. 实施课题分类资助

建议在国家艾滋病疫苗研发策略的面上项目中对研究课题给予分门别类。第一个门类即面上项目，是与艾滋病疫苗相关的各类研究，包括基础研究（针对疫苗免疫的科学问题）和应用基础研究（针对疫苗免疫的技术问题）。面上项目的资助周期一般为2~3年，个别针对重大科学问题或复杂技术问题的研究可延长至4~5年，课题资助强度应加大到每年30万~50万元。第二个门类是CAVI框架下的协同攻关。其是根据已定型的创新性设计，直接开展某型疫苗的研制工作，可分为三

个阶段，即概念验证期（2 年）、临床前期（2～3 年）与临床期（2～5 年，视Ⅰ、Ⅱ、Ⅲ期而定）。组建中国艾滋病疫苗计划，重点支持上游艾滋病疫苗研究，调配资助资源，形成对不同阶段艾滋病疫苗研究的连续资助机制。

（三）国家艾滋病疫苗发展战略的管理机制

1. 国家艾滋病疫苗发展战略的领导和协调机制

为推动国家艾滋病疫苗发展战略工作，建议成立包括科技部、卫生部、药监局以及国家自然科学基金委等负责研制、使用和管理艾滋病疫苗的政府部门在内的国家艾滋病疫苗战略联合委员会。国家艾滋病疫苗战略联合委员会应设在国务院防治艾滋病工作委员会之下，负责艾滋病疫苗这一事关防治艾滋病长远战略的专项工作，并向国务院防治艾滋病工作委员会领导负责。

2. 国家艾滋病疫苗发展战略的科学保障机制

建立常设的国家艾滋病疫苗研发专家委员会，就国家艾滋病疫苗发展战略的宏观规划提出建议草案，对研发进展进行科学的评估，对疫苗在艾滋病防治中的应用提出政策性意见。该专家委员会下可设三个分委会，分别负责对国家疫苗战略的三个工作框架研发项目的立项提出建议，对课题研究进展进行定期的科学评价，并就未来研发计划向联委会提出意见。

3. 国家艾滋病疫苗发展战略的研究管理机制

在国家艾滋病疫苗发展战略的三个框架中的面上项目和基地建设中，各研究课题应实行课题负责人负责制。CAVI 框架则应设首席专家，实行首席专家负责制。

4. 国家艾滋病疫苗发展战略的对外合作

国家艾滋病疫苗战略联合委员会及其专家委员会将作为组织国内外艾滋病疫苗研究的最高协调和科学指导机构，可统一协调国外艾滋病疫苗与我国进行的大规模技术的合作，包括我国艾滋病疫苗的研究能力，如 CAVI 团队开展的自主创新艾滋病疫苗研究、GMP 生产能力和试验现场资源等。

（本文选自 2006 年咨询报告）

咨询组成员名单

曾　毅	中国科学院院士	中国疾病预防控制中心
强伯勤	中国科学院院士	中国医学科学院
陈　竺	中国科学院院士	中国科学院
赵　凯	中国工程院院士	北京生物制品研究所
闻玉梅	中国工程院院士	复旦大学上海医学院
邵一鸣	研究员	中国疾病预防控制中心
秦　川	研究员	中国医学科学院实验动物研究所
王佑春	研究员	中国药品生物制品检定所
金宁一	教　授	军事医学科学院十一所
陈启民	教　授	南开大学
孔　维	教　授	吉林大学
季维智	教　授	中国科学院昆明动物研究所
陈　凌	教　授	中国科学院广州生物医药与健康研究院
阮　力	研究员	中国疾病预防控制中心
吴小兵	研究员	中国疾病预防控制中心

建设微电子强国的建议

王阳元　等

集成电路产业是与国民经济、国防建设和国家主权命运攸关的战略性基础产业，应优先加速发展。据国际货币基金组织的统计和预测，1980～2010年，世界GNP平均增长率为3%，而世界电子工业和半导体工业平均增长率分别为9%和15%，远高于世界GNP平均增长率，以集成电路为代表的半导体产业必将成为21世纪世界经济的主流产业之一。2004年，我国集成电路市场需求总额占世界集成电路市场的22.6%，成为世界第一大集成电路市场；但同年我国集成电路产品销售额仅为545.3亿元人民币，而进口集成电路总额为546.2亿美元，占当年我国进口总额的9.7%，高居高技术产品进口额榜首和贸易逆差榜首。我国正处于集成电路产品消费大国的历史阶段。鉴于集成电路产业的战略地位，为实现我国经济跨越式发展，完成中华民族伟大复兴的历史使命，针对国内外市场迅速增长的需求和我国国民经济结构调整的战略需要，实现集成电路产业强国目标，成为我们重要的历史任务。

一、我国集成电路产业发展背景

1. 经济总量大国与强国的差距

1978～2004年，中国GDP从3624亿元人民币增长到159 878亿元，年均增长9.4%，GDP总量在世界184个国家和地区中位居第6（2005年12月20日国务院新闻办公室发布）。

2004年，据世界经济论坛的报告，中国竞争力在被评估的117个国家和地区中排名第49位；另据瑞士洛桑国际管理发展学院的报告，在科技创新能力方面，中国在占世界GDP 92%的49个主要国家中排名第24位。据世界银行2005年报告，中国人均GDP在177个国家和地区中排名第107位。

中国500强的营业收入、资产总量和利润分别只占世界500强的5.3%、5.61%和5.22%。据瑞士洛桑国际管理发展学院的统计，每万人获得专利的数量，中国为10.8件，发达国家如美、日、德、法为1500~1700件。我国国内拥有自主知识产权核心技术的企业仅为万分之三。我国的外贸总额已居世界第三，但自主创新的高技术产品在对外贸易中所占份额仅为2%（2005年11月26日，国家知识产权局田力普局长的讲话）。

2. 经济持续发展的挑战

新中国成立50多年来，我国GDP增长了10多倍，而矿产资源消耗同比增长40多倍。我国每万元GDP总能耗是世界平均水平的3倍。

2004年，中国信息产业销售收入达2.65万亿元，位居全球信息产品市场第二位，但全行业的平均利润率仅为3.8%。而Intel公司的利润率为22%，韩国三星为18.6%，2005年全球前十大半导体公司的销售额之和，占据了世界市场一半的份额。

截至2004年底，国际集成电路专利总量为1 024 227件，我国集成电路专利申请共27 252件，其中本地企业只有4791件。

3. 我国集成电路产业的发展机遇

据国际货币基金组织的统计和预测，1980~2010年，世界GNP的平均增长率为3%，电子工业为9%，而半导体工业为15%，以集成电路为代表的半导体产业必将成为21世纪世界经济的主流产业之一。根据发达国家的历史经验，在人均GDP超过1000美元后，必须寻找新的经济引擎来带动国家经济向更高层次发展。

自2002年以来，世界集成电路市场规模逐年增长，2004年为1781.3亿美元，预计到2010年世界集成电路市场总需求为3000亿美元左右。

2004年，我国集成电路市场需求总额为3342亿元，同比增长40.8%，占世界集成电路市场的22.6%，成为世界第一大集成电路市场；同年，我国进口集成电路总额为546.2亿美元，占当年我国进口总额的9.7%，但其中相当大部分又随机组装复出口。

目前，我国已经成为集成电路产品的消费大国；为满足国内外市场迅速增长的需求和我国国民经济结构调整的战略需要，为实现我国经济跨越式的发展和完成中华民族伟大复兴的历史使命，到2020年左右，我国应该也必须成为集成电路产业强国。

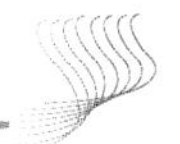

二、我国集成电路产业发展现状

1. 产业现状

截至2004年底，我国共有各类集成电路企业670余家，其中芯片制造企业近50家，封装与测试企业超过200家，设计企业超过400家。全行业从业人员超过10万人。其中，工程技术人员超过4万人。

我国集成电路产品销售额从2000年的186.2亿元增长到2004年的545.3亿元，年均增长率超过30%，产业规模4年中扩大了近3倍，在世界集成电路市场中的份额由1.27%上升到3.7%。2005年我国集成电路产品销售总额已超过700亿元。

有竞争能力的集成电路设计企业正在逐步形成，2005年销售额超过2亿元的企业有16家，数量不到5%的企业其销售额超过全行业的50%。主要产品的设计技术为0.13~0.25微米，集成度达到数千万门。

集成电路芯片制造生产线的总投资超过100亿美元，其生产能力占世界总产能的5%，主流技术为0.18微米，最先进水平为90纳米。

在封装测试产业中，数量占8%的企业，其销售额占全行业销售总额的70%，封装能力超过250亿块/年。

2. 存在的问题与不足

1）产业规模小，大企业少。2004年，我国集成电路产业销售额仅占世界集成电路市场的3.7%。

2）供需缺口继续扩大。目前，集成电路生产厂的总产能不足国内市场总需求的30%。

3）自主创新能力弱。由于技术研发的投入严重不足，创新能力弱，缺乏自主知识产权核心技术。

4）专用设备、仪器和材料发展滞后。

5）机制尚未完全突破。由于企业机制尚未完全突破，市场、技术、产品、人才尚未能实现真正的国际化。

6）市场体系尚不成熟。由市场、投融资、营销、中介、咨询、分析等更多的环节组成的“大产业链”，即完整市场体系的建设尚不成熟。

7）人才缺乏。人才总量不足，人才结构失衡，人才投资意识薄弱，缺乏对现有青年人才的再教育氛围，人才管理观念与机制落后。

8）政策环境不尽如人意。封装、测试、设备、仪器、材料企业未享受优惠政策；融资、贷款、上市等产业环境不尽如人意；执行政策速度较慢，程序过于繁复。

三、微电子强国的战略目标

实现微电子强国的发展目标，大约需要 15~20 年的时间。第一阶段为 2005~2015 年，第二阶段为 2015~2025 年。

1. 第一阶段战略目标

2010 年的主要目标是：

1）销售额超过 2000 亿元，占世界市场份额的 10% 左右。

2）大生产技术：12 英寸、65 ~90 纳米。

研发水平：国家集成电路研发中心突破 45 纳米大生产技术。

先期基础研究和应用基础预研：小于 45 纳米，研究面向产业的新器件、新工艺、新封装等原理和技术。

3）关键设备及材料：能够进入集成电路生产线使用。

4）与国民经济发展重大项目有关的关键集成电路产品，自给率达 50% 以上。

5）拥有一批自主知识产权，大力提升专利申请数量。

6）建设一批有持续创新能力和国际竞争力的企业。

2. 第二阶段战略目标

经过 2 ~3 个五年规划期的发展，使我国 2020~2025 年迈入集成电路强国之列。2020 年的主要目标是：

1）集成电路产业营销总额占世界市场份额 15% 左右；

2）国民经济领域需求的芯片自给率提高到 40%；

3）独立自主地设计和生产国家安全和国防建设所需的重要与关键集成电路产品，自给率达到 95% 以上；

4）拥有大量的微电子技术专利、自主知识产权产品标准，建成具有中国特色的集成电路研发体系，为本土企业提供知识产权保护；

5）以关键设备和主要材料为标志的集成电路支撑行业能够基本满足产业发展需要，集成电路产业专用设备不再受制于人；

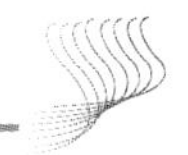

6）集成电路大生产技术水平与国际先进水平同步，实现 45 纳米和 32 纳米两大技术节点工业化大生产技术突破，并在研发和生产的某些领域引领世界潮流。

四、建设微电子强国的战略举措

（一）优先发展设计业

提高我国集成电路产业的设计能力主要从以下几个方面入手：

1）加速开发新产品，快速进入市场

知识和技术的积累以及勤勉是制胜之道，而最重要的是创新和速度。要抓住数字电视，第三、四代通信，网络安全，数字家庭等新崛起的市场机遇，着重开发附加值高、具有系统创意的、应用面较广、具有国际竞争力的产品，并迅速打入国内外市场。

2）努力改善企业环境，提高企业运营效益

与应用、测试、Foundry 企业建立战略伙伴关系，成立必要的战略联盟，注重领军人才的培养和留任；建议国家尽快出台风险投资的有关政策，使企业在进行兼并、迅速形成龙头企业时，具有资本运作的基础。

3）加强技术创新，注重知识产权保护

在改进设计工具和设计方法的基础上，进一步提高设计效率，加强具有原创性 IP 和关键技术含量高的 IP 开发，要尽快设计使用最新加工工艺的产品，以提高产品竞争能力，降低产品生产成本。大力打击盗版行为，逐步提高国产设计软件的市场占有率；注重知识产权的保护工作，减少知识产权诉讼纠纷。

4）2010~2015 年，培育出 20~30 家年产值超过 1 亿美元的集成电路设计公司，打造 2~3 个年销售 10 亿美元的设计企业。2010 年集成电路设计业产值达到 500 亿美元左右，产品设计水平达到 95~65 纳米。

5）参与各种技术标准的制定与实施，与芯片制造业共同开发 IP 核，建立相应的 IP 库。

6）瞄准热点领域和国防领域，加强以 SOC 为平台的系统设计。

7）以改造传统产业和节约能源为目标，按系统工程的方式组织系列产品开发和推广应用工作。

（二）完善产业链，建设制造产业群

在集成电路产业链中，制造、封装、测试设备占有生产线投资的最大比例，测试设备在百万美元量级、曝光机在千万美元量级。同时，设备也是国外控制我

国集成电路产业发展的重要手段。

设备是工艺的物化，一代设备、一代工艺、一代产品。开发关键制造设备和具有自主知识产权的先进工艺，形成具有自主发展能力和核心竞争力的产业链，是我国集成电路产业发展中具有全局性和战略意义的核心问题。

提高设备制造与成套工艺开发能力要着重解决以下几个问题：

1）在引进消化的基础上形成自主创新能力；在主导产品的关键技术和集成技术上尽快形成自主开发能力，尤其是小于 45 纳米节点的设备和工艺更要提前进行自主开发部署。

2）设备制造商必须开发相应工艺，同时要在集成电路生产线上进行长时间的运转、测试和考验所开发的设备。因此设备制造商应尽快扩大工艺研究人员的队伍，或与设备使用方共同开发适用于该设备的工艺。国家研发中心即是促进设备与工艺双向开发的最好平台。

3）由于设备采购方对设备后续服务和技术支持的考虑占权重的 40%，因此设备制造厂应迅速扩大售后服务和技术支持的队伍。同时应保证零配件的及时供应。

4）坚持“有所为，有所不为”的原则，慎重选择切入点，集中力量突破重点设备开发，形成局部特色和优势，在国际集成电路制造产业链中占有一席之地。

2010 年、2015 年，制造业的销售额和主流大生产技术分别达到 1000 亿元、65 纳米，2000 亿元、45 纳米。

建设若干条 12 英寸、3 万片/月的生产线及一定数量的 8 英寸生产线。注重 IDM 模式和芯片加工服务模式（foundry）的协调发展，在整机系统厂家较多的地区建设“多用户 IDM，相对定向客户”的 Foundry。在发展以硅 CMOS 为主流产业的同时，注意化合物半导体集成电路的产业化。

2010~2015 年，培育出 1~2 家年销售额超过 50 亿美元的 IDM 企业、几家年销售额超过 20 亿美元的 Foundry。

2010 年，封装业的销售额超过 1100 亿元。大力发展 BGA、PGA、CSP、MCM、SiP 等高密度封装技术。

2010 年，集成电路专用设备的国内市场占有率达到 10%。在开发新的集成电路工艺和器件结构的基础上，制造与之相适应的装备；在集成电路专用材料领域，2010 年要实现硅材料和其他配套专用材料（光刻胶、化学试剂等）的自给率达到 20% 以上、化合物半导体材料自给率达到 30% 的目标，使 8 英寸硅片全面走向市场。

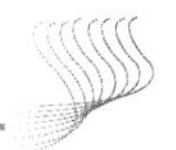

（三）纵深部署，建立国家研发中心

国家集成电路产前研发联盟（国家研发中心）的主要宗旨是：

1）坚持自主创新，积累和发展自主知识产权，在共享产前技术、各自开发 know-how 的前提下，攻克新一代集成电路核心技术；

2）为集成电路企业提供专利技术和成套的下一代工艺技术；

3）成为全国科研院所和企业开展自主研发的基地；

4）成为全国企业和科研院所培养、培训高级专业人才的基地；

5）成为新设备、新材料和新工艺的实验基地。

运行模式是：

1）建成股份制事业法人单位，由国家、地方和企业联合投资，吸引企业早期介入；

2）吸引国内外有实际经验的技术人才和管理人才，建立有效的管理机制；

3）采用会员制，各会员单位共担风险，共享成果；

4）研发中心初期建设费用主要由国家投入。

2010 ~2015 年，集成电路产前研发联盟的主要任务是：

1）45 纳米技术节点的大生产技术及相关专用设备、专用材料的研发；

2）对 45 ~22 纳米新器件、新工艺和新结构电路的研发进行部署；

3）集成研究成果，向集成电路制造生产线提供成套标准加工工艺，构建知识产权保护体系；

4）与《国家中长期科学和技术发展规划纲要（2006—2020 年）》中的专用设备研究相结合，与设备制造企业共同开发新一代集成电路专用设备和与之相关的工艺；

5）与集成电路制造厂共同进行 IP 核和 IP 库的开发；

6）与设计企业、封装企业共同进行 SOC 设计方法学的研究、集成电路后道工艺和封装技术研究。

主要建设内容是：

1）建设 4000 ~5000 平方米的净化实验室，装备 12 英寸纳米级集成电路研发实验线；

2）建设相关的新器件、新工艺、新结构电路、新材料和 IP 开发研究实验室；

3）与有关高校和研究所合作建立基础研究和应用基础研究实验室。

（四）培养人才

设立逐年递增的、专门的科技创新风险基金。

保障人才按智力要素参与分配。

探索成建制地引进人才的途径和政策。

对示范性软件与微电子学院和集成电路人才培养基地加大投入，在专项贷款方面予以重点支持。

注重高素质领军人才的培养。

着重培养系统级设计和掌握 SOC 设计技术的人才，培养掌控整套工艺的制造人才和相应的封装测试人才。

（五）完善产业政策

封装、测试、设备、仪器、材料等相关企业应列入享受优惠政策的范畴；

对集成电路最终产品形成前的各流转环节免征增值税，在销售集成电路最终产品时，一次性征收流转环节增值税；

加工工艺大于或等于 0. 18 微米、小于 1 微米的集成电路制造企业享受所得税 5 免、5 减半的待遇；

小于 0. 18 微米的企业 10 年免缴所得税；

集成电路行业内的个人所得税减征适当比例；

企业用于对集成电路产业的投资抵减所得税应税额；

对集成电路专用设备（含仪器）生产企业进口的自用设备、自用生产性材料和零部件实行零关税；

对集成电路企业直接出口的集成电路产品实行零税率；

鼓励成建制的海外人才回归祖国，参加集成电路产业建设；

放宽技术成果在集成电路企业中的占股比例；

鼓励境内外各类经济组织和个人投资我国集成电路企业；

在证券交易所设立集成电路企业专项上市业务；

对企业进行技术升级换代所进行投资的贷款给予部分贴息。

从“十一五”开始，我国集成电路产业就要立足于超越世界发展的信念实施上述战略举措，以期 2020~2025 年实现把我国建成微电子强国的宏伟目标。

附件　《建设微电子强国的建议》研究报告

故策之而知得失之计，作之而知动静之理，形之而知死生之地，角之而知有余不足之处。(《孙子・虚实篇》)

战略就是命运。(罗伯特・A. 伯格曼. 战略就是命运. 北京：机械工业出版社，2004)

战略研究是对客观事物规律的探索，并为增强驾驭客观事物发展的主动性而提出相应的战略和策略。(引自本研究报告)

(一) 我国集成电路产业的发展背景

1. 经济总量大国与强国的差距

(1) GDP 居世界第六位

20 世纪 70 年代末，掌握了自己命运的东方巨人踏上了改革开放的征程，10 亿中国人民在党中央的指引下焕发出无尽的青春活力，被新体制、新机制激活的生产力驱动着华夏经济驶上了奔向小康的高速公路。1978 ~2004 年，中国的 GDP 从 3624 亿元人民币（折合 1473 亿美元）增长到159 878亿元人民币（折合 19 317 亿美元），年均增长 9. 4%（2005 年 12 月 20 日国务院新闻办公室根据第一次全国经济普查取得的成果发布），中国人民的生活水平总体上实现了从温饱到小康的历史性跨越（图 1）。

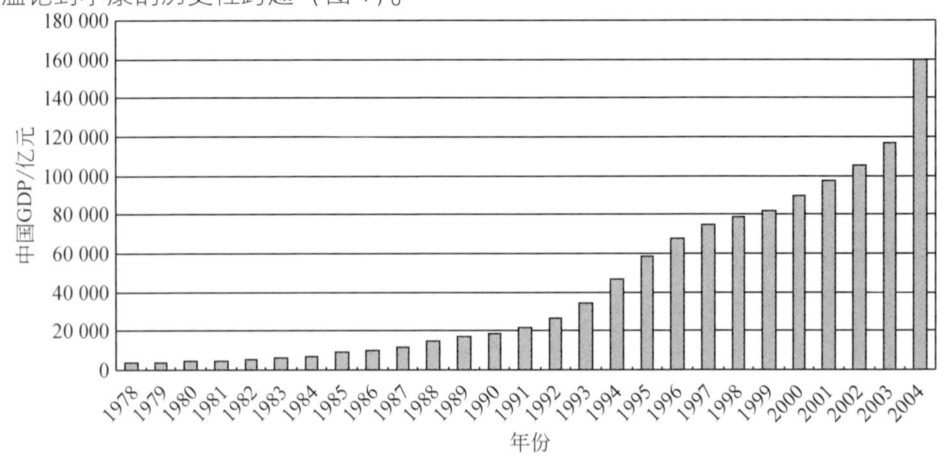

图 1

资料来源：国家统计局（2005 年）

近2万亿美元的GDP在世界184个国家和地区中位居第6，可以说，中国就经济总量而言已经进入大国的行列。

但是，中国离世界强国的目标还有相当大的差距。

（2）综合竞争力尚处于发展中国家水平

根据世界经济论坛2005年9月28日发布的《2005~2006年全球竞争力报告》，中国的竞争力在被评估的117个国家和地区中排在第49位；另据瑞士洛桑国际管理发展学院发布的《国际竞争力年度报告》，2004年，在科技创新能力方面，中国在占世界GDP 92%的49个主要国家中排名第24位。

（3）人均GDP超过1000美元

根据世界银行2005年公布的结果，2004年，中国人均国内生产总值在177个国家和地区中排名第107位。中国人均国内生产总值见图2。

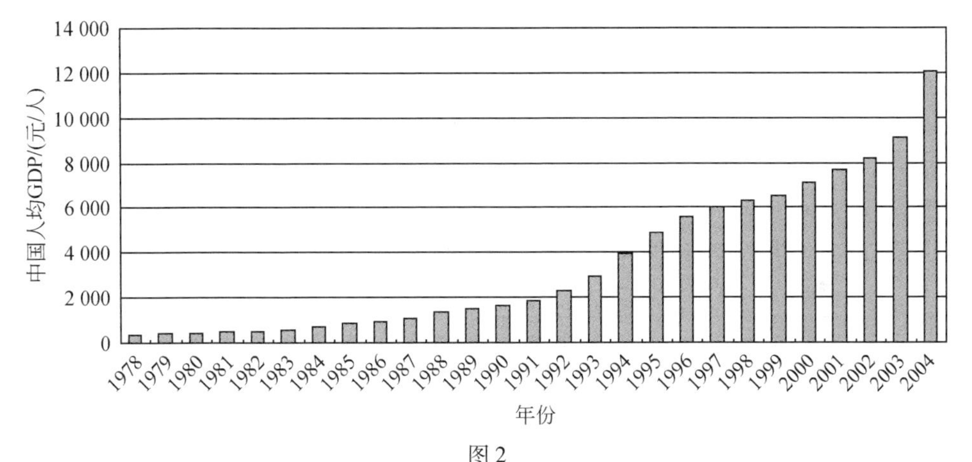

图2

资料来源：国家统计局（2005年）

关于人均GDP的排位，国际上比较权威的有两种。一种是按国际货币基金组织（IMF）的算法，2004年我国初步核算的人均GDP为1276美元，居世界第112位；按照经济普查资料调整GDP后，同样用IMF的算法，我国人均GDP上调为1490美元，在世界上的排位升至第107位（图3）。

另一种是按世界银行的算法，即以三年平均汇率计算，中国内地2004年人均GDP在经济普查前后，由世界第132位上升到第129位（图4）。

（4）在世界500强中所占比例较低

2005年7月，美国《财富》杂志公布了“2005年世界企业500强”，第500名企业的年营业收入为124亿美元；而“2005年中国企业500强排行榜”中最后一名的年营业收入为45亿元人民币。入选世界500强的15家内地企业中，除了排名第31位的中石化、第40位的国家电网、第46位的中石油外，其他都在200名以后。

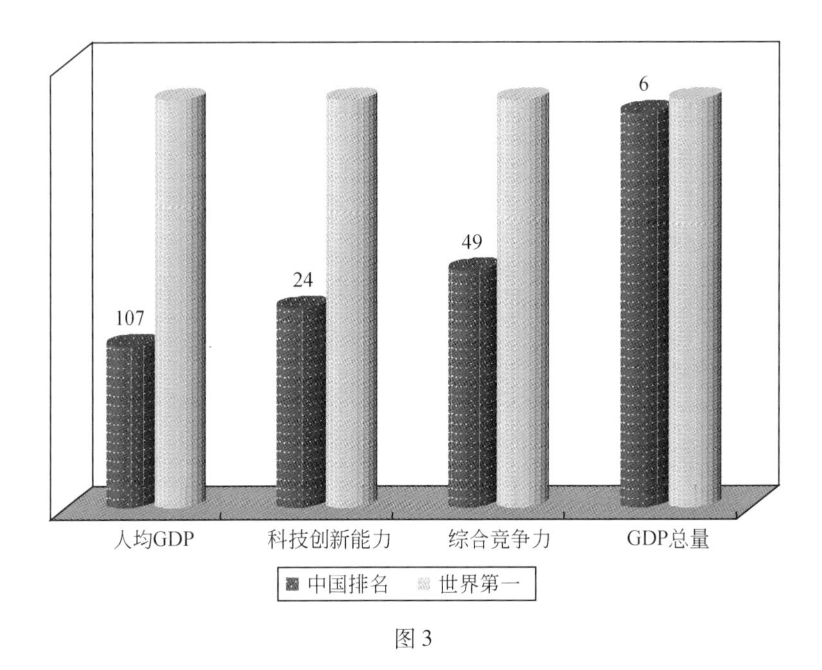

图 3

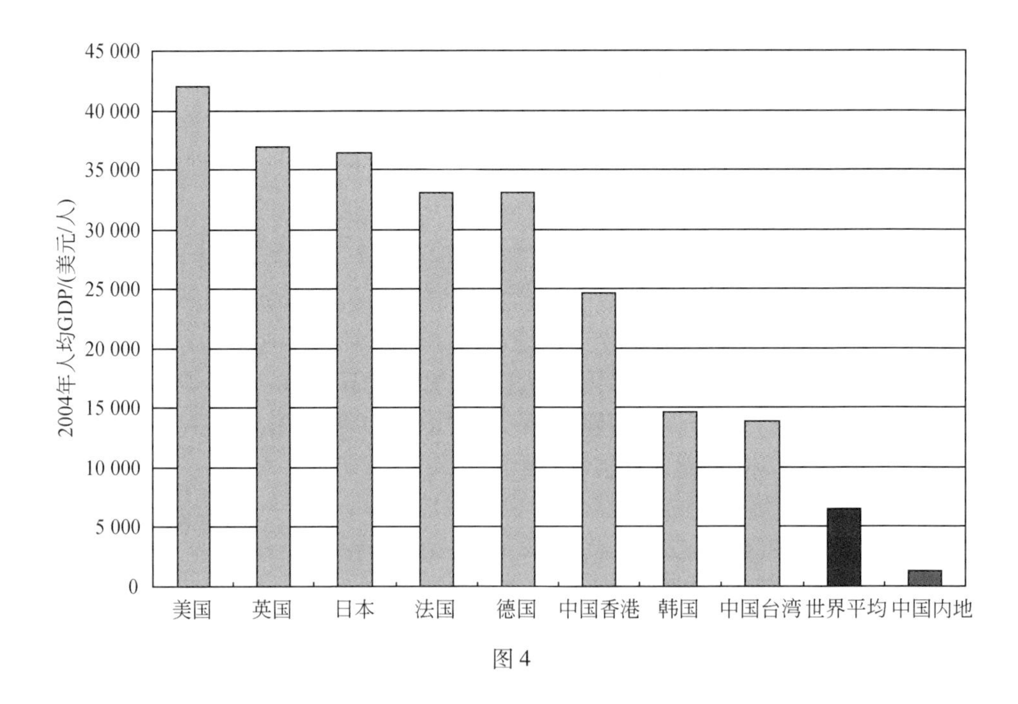

图 4

中国企业 500 强与世界企业 500 强的差距主要体现在三方面：

第一，世界 500 强企业大部分所在的行业是竞争性行业，如汽车、电器，而中国的强势企业大多处于垄断性行业，如石油、电力、钢铁。

第二，从规模上来看，中国500强的营业收入仍然比世界500强小得多，世界500强最后一名的营业收入是中国500强最后一名的23倍。

第三，2004年中国500强的营业收入只相当世界500强营业收入的5.3%，中国500强的资产总量只相当世界500强资产总量的5.61%，中国500强的利润只相当世界500强利润的5.22%（《新世纪周刊》，2005年8月8日，刘冀生）。

（5）尚未进入自主创新发达国家的行列

专利是自主知识产权的主要表现形式，根据瑞士洛桑国际管理发展学院2000年的统计，每万人获得专利（包括国际专利与国内专利）的件数：中国为10.8件，美国为1714.4件，日本为1737件，德国为1534件，法国为1504.9件，都是中国的139倍以上；英国为984.8件，韩国为554件，印度为446件（《国际竞争力报告》，2000年）。

我国国内拥有自主知识产权核心技术的企业仅为万分之三。我国的外贸总额已居世界第三，但自主创新的高技术产品在对外贸易中所占份额仅为2%（2005年11月26日，国家知识产权局田力普局长在《中国经济大讲堂》的讲话）。

2. 经济持续发展提出的挑战

（1）能源危机的挑战

新中国成立60年来，我国的GDP增长了10多倍，而矿产资源消耗同比增长了40多倍。在创造了世界GDP总量4%的同时，消耗的原油、原煤、铁矿石、钢材、氧化铝和水泥则分别是世界消耗总量的7.4%、31%、30%、27%、25%和40%。我国每万元GDP总能耗是世界平均水平的3倍，每千克标准煤产生的GDP为0.36美元，而世界平均值为1.86美元（国家环保总局，2003）。经济学研究表明，当人均GDP达到1000~3000美元的经济增长阶段，人均能源消费量呈现出大幅上升的趋势，资源和环境的约束将导致经济滞缓甚至逆增长。

（2）粗放经营的挑战

能源制约和粗放经营所带来的后果难以维持国民经济持续高速发展。目前，钢铁、电解铝、铁合金、焦炭、电石、汽车、铜冶炼行业产能过剩问题突出，水泥、电力、煤炭、纺织行业也存在着产能过剩的问题。

另一方面，我国已逐步成为电子信息产品的制造大国，电子信息产业已成为我国第一大产业。2004年，中国信息产品市场位居全球第二位，信息产业的销售收入达到2.65万亿元（图5）。作为电子信息产品的制造大国，2004年，中国计算机产量为4300万台、彩电产量为7400万台，均居全球第一；中国的手

机产量为 2.3 亿部，占了全球市场的 40%。

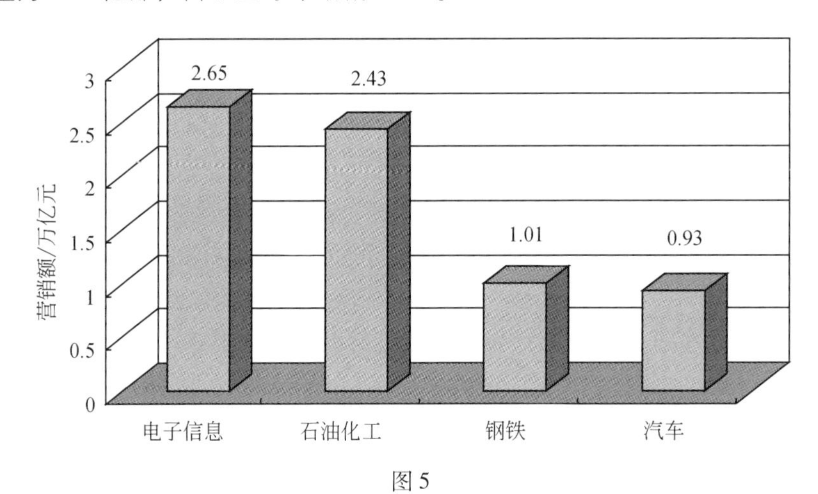

图 5

资料来源：国家统计局（2005）

2005 年全球前十大半导体公司的销售额之和，占据了世界市场近一半的份额（表 1）。

表 1　2005 年世界十大半导体公司

厂商	2005 年销售额/亿美元	2005 年市场占有率/%
英特尔	354.66	15
三星电子（半导体）	172.1	7.3
得克萨斯仪器	107.45	4.5
东芝	90.77	3.8
意法半导体	88.81	3.7
英飞凌	82.97	3.5
瑞萨	82.66	3.5
NEC	57.1	2.4
飞利浦	56.46	2.4
飞思卡尔	55.98	2.4
合计	1 148.96	48.5

资料来源：iSuppli（2006-3）

（3）知识产权的挑战

知识产权是原始创新的具体体现，一个产业的持续发展必须有足够的知识产权作为其坚强后盾。

截至 2004 年底，中国在世界范围内申请的集成电路专利共 27 252 件，而国际集成电路专利总量为 1 024 227 件，相差甚远。

据 2000 年统计数据，在中国国家知识产权局申请的集成电路领域的专利中，日本、美国、韩国的申请专利数量分别占 43. 5%、15. 8% 和 13. 9%，而本土企业仅占 8%（恒和顿数据科技有限公司，2002）。由于专利保护期为 20 年，上述 92% 的专利申请已经形成了对我国集成电路产业发展围追堵截的态势。近年来，国外大公司通过贸易保护壁垒、启动 337 程序等各种手段，对国内集成电路企业不断发动知识产权攻击。

3. 我国集成电路产业的发展机遇

（1） 经济结构调整的机遇

1） 世界经济结构的调整。

18 世纪中叶，蒸汽机的发明将人类社会从农业社会引入工业社会；21 世纪，人类社会开始跨进信息社会的历史阶段。集成电路是信息社会发展的基石，信息产业是近 50 年来发展最为迅速的产业。根据 IMF 的统计 1980~2010 年，世界 GNP 的平均增长率为 3%，电子工业为 9%，而半导体工业为 15%（图 6）。可以认为，以集成电路为代表的半导体产业必将成为 21 世纪世界经济的主流产业之一。

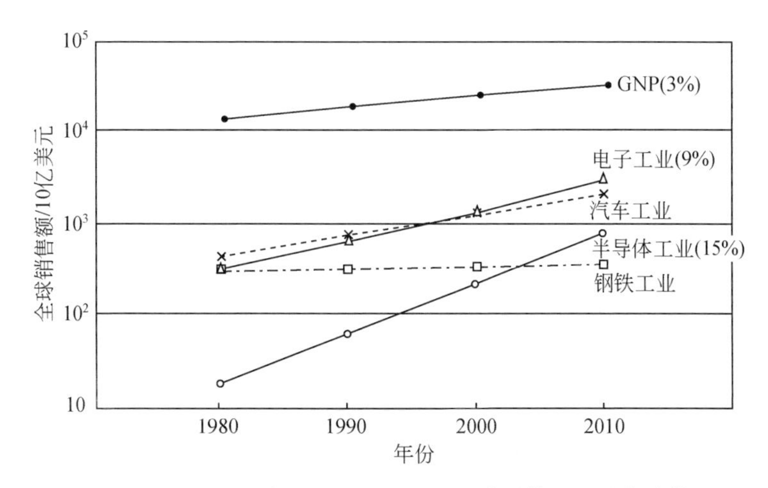

图 6　1980 ~ 2010 年 GNP、电子工业和半导体工业的统计值

资料来源：S. M. Sze. IMF 预测

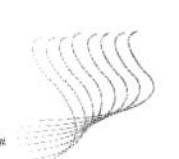

在我国国民经济持续发展、政治稳定、人民生活需求逐年增长的条件下，在市场竞争规律、价值规律、电子信息产业的技术进步规律和产品周期性更新规律的共同作用下，许多跨国公司将其加工基地、市场营销和研发中心不断向我国内地转移，这就为我国集成电路产业的发展带来了不可多得的机遇。华虹 NEC、中芯国际、宏力等公司的建成投产就是充分利用这一机遇的成功范例。

2）国内经济结构的调整。

根据发达国家的历史经验，在人均 GDP 超过 1000 美元后，“三高一低”（高消耗、高投入、高成本、低附加值）的经济增长方式将难以为继，必须寻找新的经济引擎来带动国家经济向更高层次发展。由于 2005 年中国人均 GDP 已经达到 1703 美元（国家统计局，2006），根据经济学中 logistic 增长曲线所反映的经济发展规律，现已具备了向更高经济发展阶段迈进的基础。

在党中央、国务院提出的科教兴国、科学发展观、建设和谐社会和自主创新、建设创新型国家的战略方针指引下，我们要充分利用集成电路改造传统产业这一有效手段，大力发展集成电路产业，使之在建设节约型社会中发挥重要作用。

以节约电能为例，2004 年，全国总发电量为 21 870 亿千瓦时，其中燃煤发电占 80%，约 17 496 亿千瓦时，耗煤 8. 26 亿吨（相当于 2118. 16 千瓦时/吨）（中国电力企业联合会，2005）。三峡水电站年均设计发电量 846. 8 亿千瓦时，葛洲坝水电站年均发电量为 157 亿千瓦时。

照明是用电大户之一，年用电量在 3000 亿千瓦时以上，约占 2004 年全国用电总量的 13. 7%（中国绿色照明工程促进项目办公室数据，2005），按美、日等国预测，到 2010 年，全固态发光器件（LED 等）作为光源的照明技术，将会有重大突破，可大面积推广。由于其能量转化效率高（能耗分别为白炽灯的 10%、荧光灯的 50%），则经部分替代后所节约的用电量（按节电 1/3 计算）即可相当于三峡电站与葛洲坝电站一年发电量的总和。

风机、水泵是更大的耗能用户，其耗电量约为照明用电的 1 倍，占全国总用电量的 30%（董雅俊．中国环境报，2002-5-20），2004 年耗电量约为 6561 亿千瓦时。风机、水泵经应用变频技术改造后可节电 20%~50%，按 6561 亿千瓦时的 35% 计算，即可节约 2296 亿千瓦时，约等于 3 个三峡电站或 15 个葛洲坝电站的发电量；按燃煤计，一年可节约 1. 1 亿吨煤。

据美国能源部预测，到 2010 年前后，美国将有 55% 的白炽灯和荧光灯被半导体灯替代，每年可节约电费 350 亿美元。

（2）市场需求的机遇

1）世界集成电路市场。

2000 ~2004 年世界集成电路市场情况见表 2。自 2002 年以来，世界集成电路市场销售额逐年增长，2004 年销售额为 1781. 3 亿美元，同比增长 27. 3%。

表 2　2000 ~ 2004 年世界集成电路市场销售额

年份	2000	2001	2002	2003	2004
市场销售额/亿美元	1 769. 5	1 184. 9	1 205. 5	1 399. 6	1 781. 3
增长率/%	35. 9	-33. 0	1. 7	16. 1	27. 3

资料来源：WSTS（2005-06）

从产品结构看，2004 年世界集成电路市场中，销售额排名前三位的是微处理器与微控制器、逻辑电路和存储器，销售额分别为 497. 4 亿美元、493 亿美元和 472. 3 亿美元，分别占市场份额的 27. 9%、27. 7% 和 26. 5%。市场销售额增长率最快的是存储器，达到 45. 3%；其次是逻辑电路，为 33. 5%；模拟电路的市场年增长率达到 18%。

从 2004 年半导体销售额的地域分布来看，亚太地区是世界最大的半导体市场，销售额为 886. 9 亿美元，较 2003 年同比增长 41. 1%，占世界市场的 41. 7%；日本市场的销售额为 462. 3 亿美元，同比增长 18. 7%，占世界市场的 21. 7%；北美市场的销售额为 393. 7 亿美元，同比增长 21. 8%，占世界市场的 18. 5%；欧洲市场的销售额为 384. 7 亿美元，同比增长 19. 1%，占世界市场的 18. 1%（图 7）（CCID. 中国半导体产业发展状况报告 . 2005）。

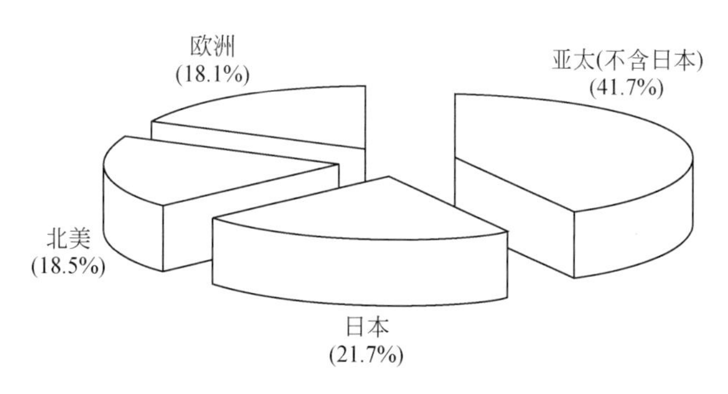

图 7　2004 年世界半导体市场地区分布

2004 年，世界集成电路设计公司的营业额为 330 亿美元，同比增长 27%，占世界集成电路产业总销售额的 18. 5%；世界集成电路芯片代工业营业额为 166. 95 亿美元，同比增长 45%，占总销售额的 9. 4%；世界集成电路封装业的营业额为 167. 5 亿美元，同比增长 11. 6%，占总销售额的 9. 4%（Fabless Semiconductor Association，Electronic Trend Publications，2004），其余 62. 7% 的销售份额则为英特尔、三星电子等集成器件制造商（integrated device manufacturer，IDM）占有（图 8）。

世界集成电路市场自 1971 年以来虽有波动，但保持了年均约 15% 的增长

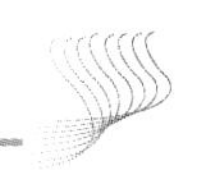

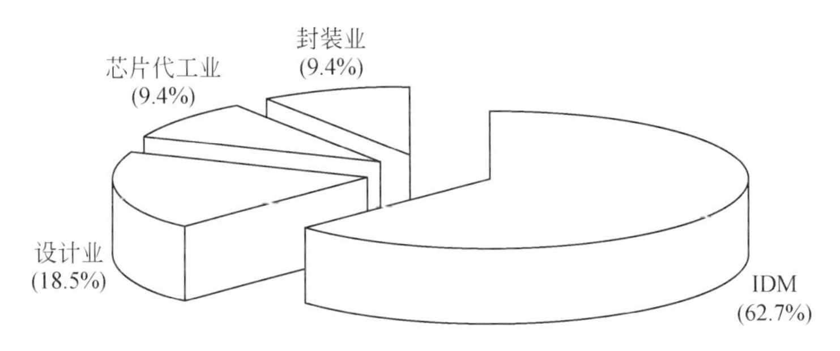

图 8　2004 年世界集成电路销售额产业链分布

率。预计 2005 年后，增长率会有所下降，到 2010 年，世界集成电路市场总需求额为 3000 亿美元左右（表 3）。

表 3　2005～2010 年世界集成电路市场预测

年份	2004	2005	2006	2007	2008	2009	2010
预计市场总额/亿美元	1 781	1 941	1 918	2 070	2 450	3 000	3 450
增长率/%	27. 3	8. 0	−1. 2	8. 0	18. 0	22. 0	15. 0

注：2005～2006 年增长率为 WSTS 的预测数据，2007～2010 年数据为 CCID 预测数据

2）中国集成电路市场。

目前，中国集成电路市场呈现三个特点：

①市场规模世界第一。

2004 年，我国集成电路市场需求总额为 3342 亿元，比 2003 年增长了 40. 8%，这一需求额占世界集成电路市场需求总额的 22. 6%，成为世界第一大集成电路市场（中国半导体行业协会（CSIA）. 中国半导体产业发展状况报告. 2005）。本文预测，到 2010 年这一市场需求额将超过 7000 亿元，届时，中国集成电路市场所占世界市场的份额将接近三成。

②增长速度世界第一。

自 20 世纪 90 年代中期起，中国集成电路市场一直呈高速增长态势，1996 年为 216 亿元，2004 年为 3342 亿元（图 9），近 10 年间的平均增长率约为 41%。2004 年增幅高于 2003 年全球增幅 12 个百分点，成为全球增长速度最快的市场。

③外贸逆差国内第一。

据海关统计资料，2004 年我国进口集成电路总金额高达 546. 2 亿美元，比 2003 年增长 52. 6%，这一进口额占当年我国进口总额（5614 亿美元）的 9. 7%。

巨大的市场需求为我国集成电路产业的发展提供了迅速发展的广阔空间。

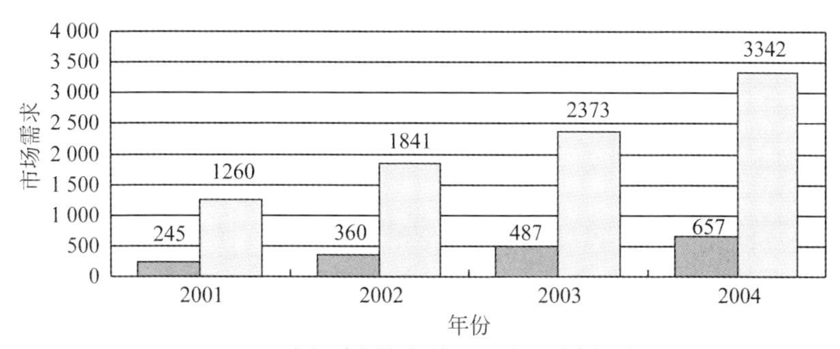

图 9　中国集成电路市场需求

资料来源：CSIA. 中国半导体产业发展状况报告 . 2005

3）IP（intellectual property）市场。

IP 是集成电路设计业和集成电路产业知识产权的另一种表现形式，随着 IP 在集成电路设计研发和芯片制造上所扮演的角色日益重要，预期全球半导体 IP 市场将持续向上成长，2005 年市场规模为 13. 33 亿美元，到了 2009 年全球将突破 20 亿美元大关，预测 2004 ~2009 年平均复合成长率（CAGR）为 10. 6%，呈现稳步成长态势。

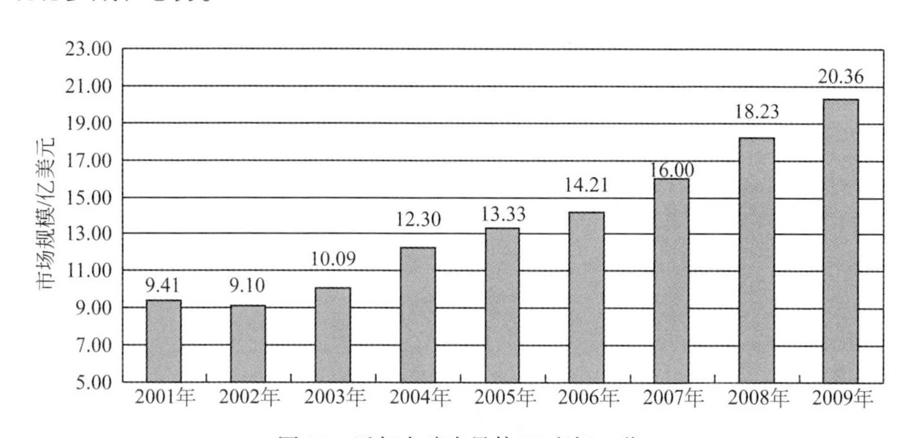

图 10　近年全球半导体 IP 市场一览

注：2005 ~2009 年为预测值

资料来源：根据 iSuppli《电子时报》整理（2005-08）

（3）发展环境的机遇

在科学发展观、建设和谐社会和自主创新精神的指导下，改革开放的环境越来越有益于集成电路产业的发展。

温家宝总理在 2005 年 6 月视察中关村时指出：“自主开发核心芯片技术问题还没有得到很好的解决。要把这一关键技术列为‘十一五’规划的重要内

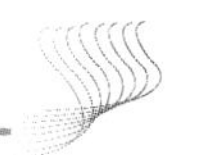

容。”继18号文件后，国家又发布了132号文件《集成电路产业研究与开发专项资金管理暂行办法》，继续对集成电路产业的发展予以大力支持。“国家的支持将包括设计、制造、封装、测试等整个生产流程。”根据实施细则和2005年的项目指南，自2005年起，国家每年将拨出1亿~2亿元专项基金用于支持企业研发。

投资环境的宽松为我国集成电路产业的发展开辟了更为广阔的筹资渠道，除已上市的企业外，有近20家企业正在准备上市融资。资本来源的多元化有力地促进了我国集成电路产业规模的迅速扩大。

近年全球半导体IP市场见图13。

国力的增强、机制的突破，使得资金、市场、技术、人才的国际化成为可能，大大加速了中国集成电路产业与国际集成电路产业接轨的速度。中芯国际的建设成功对我们的启示就在于其市场、技术、人才和资金的国际化，从而为缩短我国集成电路制造技术水平与国际先进水平的差距提供了有竞争能力的技术平台。

基于上述分析，目前，我国已经成为集成电路产品的消费大国。为满足国内外市场迅速增长的需求和我国国民经济结构调整的战略需要，鉴于集成电路产业的战略地位，为实现我国经济跨越式的发展和完成中华民族伟大复兴的历史使命，到2020年左右，我国应该也必须成为集成电路产业强国。

（二）我国集成电路产业发展的历史与现状

1. 简要回顾

在我国集成电路产业几十年的发展历程中，大约经历了三个历史阶段：1978年以前的独立自主、自力更生的初始发展阶段，1978~2000年改革开放时期的重点建设阶段，2000年以来的市场经济环境中的政策引导产业加速发展阶段。

1956年，我国把半导体技术列为国家急需发展的任务之一。由北京大学等五所大学联合在北京大学开办了半导体物理专业，培养出了我国第一批半导体专业人才。

1957~1968年，我国相继研制成功第一根锗单晶、硅单晶、锗与硅二极管和三极管以及DTL、TTL、PMOS、NMOS和CMOS集成电路。此后十年，在国外严密技术封锁的条件下，我国开始了自力更生、奋发图强的艰苦历程，先后开发和生产出多个系列的大、中、小规模集成电路，为我国的集成电路产业奠定了一定的基础。

根据原电子工业部的统计数据，从1978年开始，在我国开始进行改革开放的条件下，在国际集成电路产业处于更新换代的大环境中，国家投入了约 13 亿元人民币资金，先后由 24 家企业不同程度地从国外引进了 33 条换代中的集成电路生产线装备。在这个时期，我国集成电路产业按不变价格计算的工业总产值年平均增长速度在 15% 左右，与世界半导体销售总额的增长速度相差无几。

1986 年，电子工业部在厦门举行集成电路发展战略研讨会，提出“七五”期间我国集成电路技术“531”发展战略，即普及推广 5 微米技术，开发 3 微米技术，进行 1 微米技术科技攻关。

1989 年，机械电子工业部在无锡提出了“加快基地建设，形成规模生产，注重发展专用电路，加强科研和支撑条件，振兴集成电路产业”的发展战略。

1995 年，机械电子部提出了“以市场为导向，以 CAD 为突破口，产学研用相结合，以我为主，开展国际合作，强化投资，加强重点工程和技术创新能力的建设，促进集成电路产业进入良性循环”的“九五”集成电路发展战略。江苏无锡的江南无线电器材厂（742 厂，即以后的华晶公司）、华越微电子有限公司、上海贝岭微电子制造有限公司、上海飞利浦半导体公司（现在的上海先进）、首钢 NEC 电子有限公司、深圳赛意法微电子有限公司是这一时期重点工程建设的主要代表。

1992 年 10 月，国家决定实施“九〇八”工程。“九〇八”工程计划的主要内容是：

- 建立一条 0.8 ~1 微米技术水平的生产线，并配置相应的 CAD 手段；
- 建设一个年封装 2 亿 ~3 亿块集成电路能力，规格品种比较齐全的专业加工厂；
- 建成 10 个集成电路设计开发中心，到 1995 年形成年设计 300 ~500 种以上的开发能力，同时建设一个独立的、专业化的精密制版中心；
- 重点开发 0.8 微米技术档次的关键设备和测试仪器，包括分步重复光刻机、干法刻蚀机、磁控溅射设备、离子注入机、硅片处理系统和超大规模集成电路测试系统；
- 关键材料项目，包括 6 英寸硅片及多晶硅、光刻胶、塑封料、化学试剂、特种气体、石英制品等。

据国家“九〇八”工程领导小组办公室发布的数据，“九〇八”工程项目计划总投资共 27 亿元（含外汇 3.12 亿美元）。

1995 年 10 月，电子部实施“九〇九”工程。上海华虹集团与日本 NEC 公司合资组建了上海华虹 NEC 电子有限公司，总投资为 12 亿美元，华虹 NEC 主要承担“九〇九”工程超大规模集成电路芯片生产线项目建设。集成电路设计项目承担单位有中国华大、上海华虹、深圳国微、成都华微等 8 个企业。

2000 年 6 月 24 日国务院发布了《鼓励软件产业和集成电路产业发展的若干

政策》(国发 18 号文),2001 年 9 月 20 日,国务院办公厅以国办函［2001］51 号函的方式,对集成电路产业政策作了补充和完善。面对以美国半导体行业协会为首的世界半导体理事会对我国 18 号和 51 号文件的发难,2005 年 4 月,财政部、信息产业部、国家发展和改革委员会发布了关于《集成电路产业研究与开发专项资金管理暂行办法》(财建［2005］132 号),它是在加入 WTO 的环境下,为加速发展我国集成电路产业采取的新举措。

据不完全统计,2000 ~2004 年,投入我国集成电路产业的境外资金超过 140 亿美元,预计到 2005 年底将超过 160 亿美元。这一阶段的投资强度是我国集成电路产业过去 30 多年间投资总和的 4 倍多("七五"期间集成电路行业总投资 8. 8 亿元;"八五"期间,集成电路行业总投资达到 110 亿元;"九五"期间,集成电路总投资 140 亿元)(CSIA. 中国半导体产业发展状况报告. 2005)。

这一时期从事建设项目的企业主要有:中芯国际(北京)、中芯国际(上海)、上海宏力、和舰科技(苏州)、松江台积电、无锡华润电子、无锡上华、杭州士兰微电子有限公司等。

2. 产业现状

据中国半导体行业协会统计,截至 2004 年底,我国共有各类集成电路企业 670 多家。其中,芯片制造企业近 50 家(其中,主要芯片制造企业 20 多家),封装与测试企业逾 200 家(其中,主要封装与测试企业 30 多家),设计企业超过 400 家(其中,主要设计企业 30 多家)。全行业从业人员超过 10 万人,其中工程技术人员超过 4 万人。

2000 年以来,我国集成电路产品销售额从 2000 年的 186. 2 亿元增长到 2004 年的 545. 3 亿元,年均增长率超过 30%,产业规模 4 年中扩大了近 3 倍,在世界集成电路市场中的份额由 1. 27% 上升到 3. 7%(CSIA. 中国半导体产业发展状况报告. 2005)。2005 年,我国集成电路产品销售总额已超过 700 亿元。

在我国的集成电路设计行业中,有竞争能力的较大企业正在逐步形成,2005 年销售额超过 2 亿元的企业有 16 家(其中超过 5 亿元的 5 家),数量不到 5% 的企业,其销售额已超过全行业的 50%。主要产品的设计技术为 0. 13 ~0. 25 微米,集成度达到数百数千万门。典型产品有:CPU、DSP(尚未进入量产阶段)、3G TDS-CDMA 核心处理芯片、数字多媒体图像处理电路、MP3、HDTV 专用电路等;部分领域的产品占据了主导地位,并拥有了自主知识产权,典型产品是第二代身份证芯片。这些产品对于开拓国内外市场、改造传统产业、促进产业升级换代发挥着重要作用。

代表性产品有:

- 珠海炬力公司的第三代便携式数字音乐播放器 SOC 芯片 ATJ2085,设计规则 0.18 微米,采用嵌入式 MCU 和 DSP 双处理器体系结构,DSP 工作频率 384MHz,2005 年在全球 MP3 主控芯片市场占有率超过 49%。
- 深圳海思公司的大容量高阶交差电路,设计规则 0.13 微米,集成度 5000 万门;图像处理电路 ARM9261DSP,MPEG4 标准,集成度 800 万门,该电路已在出口的整机中配套 15 000 块。
- 中星微电子公司突破了 7 项核心技术,申请了国内外近 200 项发明专利,其"星光中国芯"系列数字多媒体芯片荣获国家科学技术进步奖一等奖。2004 年,PC 图像输入芯片的销售量获得了全球 60% 的市场份额。
- 北京大唐微电子公司的 COMIP 电路,设计规则 0.13 微米,集成度 520 万门,工作频率 175 兆赫,采用 SOC 方法设计,配套应用超过 110 万块。
- 上海展讯公司的 3G TDS-CDMA 电路,采用双模核心处理器,集成度 2500 万门;第三代通信专用芯片,设计规则 0.18 微米,集成度 1000 万门;第 2.5 代通信专用芯片,设计规则 0.18 微米,集成度 500 万门,工作频率 200 兆赫,配套应用逾 400 万块。
- 以中国科学院"龙芯"和"北大众志"为代表的通用 CPU 和嵌入式 CPU 产品的研发取得了重大进展。2002 年研制出的"龙芯一号"芯片,性能相当于 586,实现了从无到有的飞跃;2003 年研制了"龙芯二号",达到中档奔三的水平;最近又研制的"龙芯二号"增强型,性能达到中低档奔四的水平。
- 第二代身份证(简称二代证)芯片。二代证是政府实施的大型工程项目,该项目中的芯片、模块和成卡积极有效地促进了大工业生产和集成电路产业链的建设,是全面检验国家对集成电路产业投资成效的试金石;同时,二代证又是涉及全国数以亿计百姓生活、关系国计民生和社会长治久安的重要产品,对国家的信息化推进工作起到了积极促进作用。二代证的换发不仅解决了现行身份证防伪性能差、易被伪造、易被冒用的缺陷,而且在数据长效保存的数字化手段上、在读取、修改、扩充数据方面有了质的突破。二代证专用芯片模块的开发是在公安部、国家商密办及信息产业部等有关部门的协调指导和组织下,由 4 家研制单位(华大、华虹、大唐、同方)依据信息产业部和公安部制定的规范进行设计,由上海华虹 NEC 电子有限公司和上海先进半导体制造有限公司进行芯片加工,由中电智能卡公司和大唐微电子公司进行模块封装。目前 4 家设计公司已累计提供芯片模块 1.2 亿,2005 年,公安部完成了近亿张的发证任务。二代证芯片作为单项产品,数量达 8 亿之多,总计将为 0.18 ~0.35 微米、8 英寸生产线提供近 30 万片晶圆的产能。除了 RF 技术、CPU 技术、E^2PROM 技术、安全算法及防

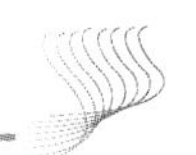

攻击等技术突破外，大工业生产技术、管理技术、质量控制技术各类不同工序之间的链接，乃至封装、运输等均经受了实际考验。

• 海信集团开发的数字电视芯片集成了700多万个晶体管，获得国家30多项专利，可广泛应用于等离子、液晶等各类平板电视和CRT彩电的视频处理。

• 飞跃集团开发的专用控制芯片已成功用于机电一体化缝纫机的生产。此前，一台售价7000元的缝纫机，要花费4000元进口控制电路芯片，如今，该集团90%的利润源自装备了自主开发芯片的缝纫机。

集成电路芯片制造业。已投产的5～12英寸集成电路芯片生产线有20条，其中12英寸生产线1条，产能为1.5万片/月；8英寸生产线8条，产能约30万片/月；6英寸6条，产能约18万片/月；5英寸生产线5条，产能约13万片/月。以上生产线总投资超过100亿美元，其生产能力占了世界总产能的5%，主流技术为0.18微米，最先进水平为0.09微米。在2005年世界Foundry排名中，中芯国际位居第三。这些芯片生产线的建成投产，标志着我国集成电路芯片制造业已进入国际集成电路大生产主流技术领域，这就为“十一五”的发展和向世界集成电路产业强国迈进奠定了基础；同时，它还使我国集成电路产业结构得到改善，2003年，设计业、制造业、封装业的销售额比例为13∶17∶70；到2004年，这一比例变为15∶33∶52（CSIA. 中国半导体产业发展状况报告. 2005）。

销售额占据着国内集成电路产业半壁江山的封装测试业，现在也出现了相对集中的趋势，排名前8位的企业销售额均超过1亿美元；数量8%的封装测试企业总销售额占到了整个封装产业的销售总额的70%；从地域分布看，长江三角洲地区的封装企业数量占到企业总数的30%。现国内集成电路封装企业的封装能力已超过了250亿块/年，但是其技术水平尚处于较低的发展阶段，仍以DIP、SOP、QFP等中低档产品为主，一些高档封装形式如BGA、CSP、MCP、FLIP、CHIP等刚刚进入量产阶段（中国半导体封装产业调研报告. 2004）。

3. 存在的问题与不足

我国集成电路产业目前存在以下主要问题。

（1）产业规模小，大企业少

近年来我国集成电路产业发展很快，但产业总体规模仍然十分弱小。2004年，我国集成电路产业总收入545.3亿元，仅占世界集成电路市场3.7%的份额（CCID. “十一五”集成电路产业发展环境研究. 2005）。

2004年，中国集成电路设计业的总销售额81.5亿元，仅为世界集成电路设计业（330亿美元）的3%，因而既不能充分利用加工制造业的产能，也远不能满足整机系统的需要。目前国内主要的集成电路代工厂以国际市场为主要销售渠道。

（2）供需缺口继续扩大

据统计，我国目前已建成的集成电路生产厂的总产能不足国内市场总需求的30%。生产增长赶不上市场需求的增长，未来需求缺口仍将继续扩大。

（3）自主创新能力弱

由于技术研发的投入严重不足，创新能力弱，缺乏自主知识产权核心技术，核心芯片绝大部分要依靠进口。有些产品虽已具备自主知识产权，但距稳定地批量生产及在世界市场上占有一席之地尚需假以时日。

（4）专用设备、仪器和材料发展滞后

在集成电路专用设备、仪器和材料方面，我国和西方发达国家相比差距很大。国内产业面临的问题是关键性的专用设备、仪器和材料受到某些技术先进国家出口的限制；而部分能够自己研制的产品，又难以批量生产，成为我国集成电路产业发展的瓶颈。

另一个因素是由于历史上条块分割管理遗留的问题，设备与材料的市场化环节极其薄弱，设备与工艺开发未能实现有效结合，材料的研发成功与批量供应也有相当距离。

（5）机制尚未完全突破

机制对企业发展起决定性作用，机制改革得好，企业就能迅速发展，反之，企业就难以大踏步前进。复旦微电子公司首开在境外上市的先河，充分利用了资本市场的资金，促进了企业的发展；杭州士兰微电子有限公司是民营公司成功的案例，近年来公司业绩年年增长；中星微电子公司和珠海炬力公司于2005年11月先后在美国纳斯达克股票交易市场上市，分别融资8700万美元和7200万美元，为企业的可持续发展注入了新的活力。

上海华虹NEC公司在“九〇九”工程的建设中与外资合作取得了成功，目前，华虹集团正在寻求机制的进一步突破。另外，有一些原来典型的国有企业进行了艰难的改制工作，取得了长足进展，但因此也使得国有控股单位产生了“肥水不流外人田”的想法，结果在国际化的过程中遇到了阻力，裹足不前。因此，机制的改革在“十一五”期间仍是一项长期和艰苦的工作，也是一项必须取得突破性进展的工作。

（6）市场体系尚不成熟

设计、加工、封装、设备、材料组成了集成电路的自身产业链，但一个产业的发展还应考虑由市场、投融资、营销、中介、咨询、分析等更多的环节组成的“大产业链”关系，即完整市场体系的建设。只有“大产业链”各环节都逐渐成熟，集成电路产业本身才能够健康、持续稳定地发展。

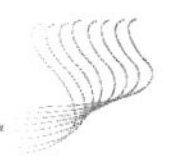

(7) 人才缺乏

1) 人才总量不足。

以我国集成电路设计人员为例，目前拥有集成电路设计人员约一万多人，分布在全国大大小小约400家各类集成电路设计公司和科研院校以及跨国公司的集成电路研发中心，拥有200人以上设计人员的设计企业只占10%（CSIA. 我国集成电路设计业现状与发展趋势研究报告. 2005）。

2) 人才结构失衡。

①领导或领军人才严重缺乏。目前，在我国集成电路产业中，既缺乏能够掌控国内外产业及其技术、产品发展趋势，富有管理团队经验和经历的高层次人才，也缺乏既懂技术又懂管理的高素质的经理人才以及有创新能力的优秀技术人才。在各级政府部门中相对缺少具有半导体专业知识的项目审批人员。

②设计业中缺少系统和算法人才、开拓市场并进行产品定位的人才，制造业中缺少掌握整套工艺技术的人才，由于缺少有效的培养途径，封装测试人才更难满足企业的需求。

③人才投资意识薄弱。

无论是政府还是社会，包括国内企业本身，在对待人才培养问题上均不同程度地存在急功近利的意识和诉求，缺少有明确目标和可操作举措的长期发展战略。对人才的投资往往低于对产品开发和营销的投入。

④缺乏对现有青年人才的再教育氛围。

人才成长的有效途径是让青年人直接参与大项目工作，让他们在实践中锻炼，去接受再教育、去增加才干。在提倡创新的同时，必须加强对学术带头人和学术骨干特别是年轻的学术带头人和学术骨干的严谨学风培养和科学道德教育，克服学术界存在的浮躁的情绪。

⑤人才管理观念与机制落后。

当前，在我国集成电路产业中，人才的科学管理、引进、培训、激励体制及相应政策尚不完善，企业在人才方面的自律机制以及社会人才有序流动的规则尚未建立。

(8) 政策环境

已执行政策中的主要问题是：

1) 享受优惠政策的企业未能涵盖整个集成电路产业链，仅涉及设计业和加工业，封装、测试、设备、仪器、材料企业未在其中；

2) 国家投资、贷款力度有待加强，如设立专项风险基金等。融资、上市等业务须进一步推进；

3) 企业利润用于向集成电路研发的投资，人才培养、培训、教育费用等抵扣所得税问题没有给予应有的考虑；

4）执行政策速度较慢，程序过于繁复。

（三）微电子强国的战略目标

中国欲实现成为世界微电子产业强国的发展目标，需要15～20年时间。第一阶段为2005～2015年，第二阶段为2015～2025年。

1. 第一阶段战略目标

经过5～10年的发展，使我国成为集成电路“生产大国”，2010年应实现的主要目标是：

1）产业营销总额超过2700亿元，占世界市场份额的10%左右；

2）大生产技术：12英寸、65～90纳米；

3）研发水平：突破45纳米大生产技术；

先期基础研究和应用基础预研：小于45纳米，研究面向产业的新器件、新工艺、新封装等原理和技术；

4）关键设备及材料：能够进入集成电路生产线使用；

5）与国民经济发展重大项目有关的关键集成电路产品，如高清晰电视、3G通信、IC卡、国家安全与国防建设所用计算机和服务器芯片等，自给率达50%以上；

6）拥有一批自主知识产权大力提升专利申请数量；

7）建设一批有持续创新能力和国际竞争力的企业；

8）进一步改善产业结构，设计业、制造业、封装业销售额所占比例调整为20:38:42。

“十一五”作为一个新的发展阶段和机遇期的开始，我们要始终坚持自主创新的产业发展之路，牢固树立政府为企业服务的理念，以市场需求和国民经济的需要为出发点，以促进企业发展为主题，完善产业环境，加强国际合作，注重知识产权保护和行业标准制定，加大研发投入，为实现我国微电子技术和集成电路产业向世界强国迈进打下坚实基础。

2. 第二阶段战略目标

经过2～3个五年规划期的发展，使我国在2020～2025年迈入集成电路产业强国之列。到2020年，要在以下6个方面取得较大进展。

1）具备世界水平的集成电路产业规模，产业营销总额占世界市场份额15%左右；

2）集成电路产业在国民经济中发挥关键作用，国民经济领域需求的芯片自给率提高到40%，同时将产品结构从目前以中、低档为主提升为中、高档产品为主；

3）能够独立自主地设计和生产国家安全和国防建设所需要的重要与关键的集成电路产品，自给率达到95%以上；

4）拥有大量的微电子技术专利、自主知识产权产品标准，建成具有中国特色的集成电路研究开发体系，为本土企业提供知识产权保护；

5）以关键设备和主要材料为标志的集成电路支撑行业能够基本满足产业发展需要，集成电路产业专用设备不再受制于人；

6）集成电路大生产技术水平与国际先进水平同步，实现32纳米和22纳米两大技术节点工业化大生产技术突破，并在研发和生产的某些领域引领世界潮流。

从“十一五”起，要根据国家中长期发展规划，落实有效措施，确保上述目标的实现，使我国逐步向微电子强国迈进。

（四）建设微电子强国的战略举措

1. 总体思路

在切实落实和完善有关集成电路产业政策的基础上，进一步健全我国集成电路产业的体制和运行机制，为我国集成电路产业提供更加良好的发展环境；大力吸收境内外、业内外资金，改善产业布局，加速产业园建设，增强产业实力，提高在世界范围内的竞争力；继续坚持以市场为导向、技术为驱动的产业发展方针，以集成电路设计和产品应用为突破口，以芯片制造业为重点，建设具有国际水平的IDM和Foundry公司，提高封装业技术水平，扩大封装业的规模，加快支撑业的发展速度，组织关键设备和材料配套生产；选择市场需求量大、应用面广、基础较好的产品，以系统工程的方式，从整机入手，组织专项攻关，提高关键产品和国防需求产品的自给率；加大研发力度和对研发的投入，建设产、学、研、用相结合的国家集成电路研发中心，为我国集成电路产业的持续发展提供技术支撑。

2. 具体措施

（1）优先发展设计业

设计业是集成电路产品知识产权的最先创新者，是最接近市场和应用的领域，具有巨大的市场和创新空间，也是连接代工业与整机业之间的桥梁。只有设计业取得了长足进展，才能推进制造企业的建设，代工业才能充分发挥产能的优势，才能源源不断地生产具有自主知识产权的集成电路产品。

2010~2015 年，集成电路设计业在技术和产业规模方面要基本满足我国电子信息产业发展的需求，实现从量的增长到质的提升的转变。要培育 20~30 家年产值超过 1 亿美元的集成电路设计公司，打造 2~3 家年销售 10 亿美元的设计企业。2010 年集成电路设计业产值达到 500 亿美元左右，产品设计水平达到 65 纳米。

提高我国集成电路产业的设计能力主要从以下几个方面入手。

1）加速开发新产品，快速进入市场。知识和技术的积累以及勤勉是制胜之道，而最重要的是创新和速度。要抓住数字电视，第三、四代通信，网络安全，数字家庭等新崛起的市场机遇，着重开发附加值高、具有系统创意的、应用面较广、具有国际竞争力的产品，并迅速打入国内外市场。

2）努力改善企业环境，提高企业运营效益。与应用、测试、Foundry 企业建立战略伙伴关系，成立必要的战略联盟，注重领军人才的培养和留任；建议国家尽快出台风险投资的有关政策，使企业在进行兼并、迅速形成龙头企业时，具有资本运作的基础。

3）加强技术创新，注重知识产权保护。在改进设计工具和设计方法的基础上，进一步提高设计效率，加强具有原创性 IP 和关键技术含量高的 IP 开发，要尽快设计使用最新加工工艺的产品，以提高产品竞争能力，降低产品生产成本。大力打击盗版行为，逐步提高国产设计软件的市场占有率；注重知识产权的保护工作，减少知识产权诉讼纠纷。

4）要积极发展与系统制造商之间紧密结合的联盟，为建设大型 IDM 企业创造必要条件；同时，参与各种技术标准的制定与实施，与 Foundry 共同开发软核、固核和硬核，建立相应的 IP 库，初步形成自主知识产权的 IP 核的应用、推广与流通机制。

5）在设计技术研发方面，主要研究方向是：SIP 复用和 SIP 整合、完整的模拟/混合电路设计流程实现、设计验证技术和设计测试技术等。在产品开发中，瞄准热点领域和国防领域，加强以 SOC 为平台的系统设计，掌握具有自主知识产权的 CPU、DSP 设计开发能力；进行高清电视编解码芯片、MP4、3G 和下一代网络应用关键芯片、生物芯片等产品的设计研发及投入应用。

6）要以改造传统产业和节约能源为目标，按系统工程的方式组织系列产品开发和推广应用工作，充分发挥集成电路在建设节约型社会中的重大作用。

7）产业强国的标志之一是企业必须具备在世界上有广泛影响的著名产品品牌，因此独立的设计业不仅要自己创立品牌，并将该品牌下的产品打入国际市

场，也要和整机企业结合，利用整机品牌的优势行销集成电路产品。

(2) 完善产业链，建设制造产业群

形成完整的、配置合理的产业链，营造应用、设计、制造、封装、测试及配套等企业相互关联与促进的良好环境；形成科研、中试、生产与市场等环节密切相接的环境。

在集成电路产业链中，制造、封装、测试设备占有生产线投资的最大比例，测试设备在百万美元量级、曝光机在千万美元量级。同时，设备也是国外控制我国集成电路产业发展的重要手段。

设备是工艺的物化，一代设备、一代工艺、一代产品。开发关键制造设备，和具有自主知识产权的先进工艺，形成具有自主发展能力和核心竞争力的产业链，是我国集成电路产业发展中具有全局性和战略意义的核心问题。

提高设备制造与成套工艺开发能力要着重解决以下几个问题。

1) 在引进消化的基础上形成自主创新能力；在主导产品的关键技术和集成技术上尽快形成自主开发能力，尤其是小于 45 纳米节点的设备和工艺更要提前进行自主开发部署。

2) 设备制造商必须开发相应工艺，同时要在集成电路生产线上进行长时间的运转、测试和考验所开发的设备。因此设备制造商应尽快扩大工艺研究人员的队伍，或与设备使用方共同开发适用于该设备的工艺。国家研发中心即是促进设备与工艺双向开发的最好平台。

3) 由于设备采购方对设备后续服务和技术支持的考虑占权重的 40%，因此设备制造厂应迅速扩大售后服务和技术支持的队伍。同时应保证零配件的及时供应。

4) 坚持“有所为，有所不为”的原则，慎重选择切入点，集中力量突破重点设备开发，形成局部特色和优势，在国际集成电路制造产业链中占有一席之地。

2010 年，我国集成电路制造业的销售额应超过 1000 亿元，主流大生产技术达到 65 纳米；2015 年销售额达到 2000 亿元左右，主流大生产技术达到 45 纳米。

为此，到 2010 年，要建设若干条 12 英寸、月生产能力 3 万片晶片的生产线及一定数量 8 英寸生产线。在其后 10 年左右时间内，再建设一批 12 英寸、8 英寸生产线（总产能折合为 12 英寸、月产 3 万片的生产线 20 条左右）。

注重芯片加工服务模式（Foundry）的协调发展。在我国现有实际情况下，单一整机系统企业的实力还不足以支撑集成电路芯片制造厂的建设，可以考虑在整机系统厂家较多的地区建设“多用户 IDM，相对定向客户的 Foundry”（王阳元文集（第二辑）. 647）的模式，即由几家整机系统企业采取共同投入、共享资源的方式建设集成电路芯片制造厂，作为其专用 Foundry。

在发展以硅 CMOS 为主流产业的同时，注意化合物半导体集成电路的产业化。

与国家研发中心相结合，继续开发生产线专用设备及与之相适应的工艺流程；与设计企业共同开发经过生产和应用验证的硬核，并建立可供流通的 IP 库。

要造就大企业。到 2015 年，要培育出几家年销售额超过 20 亿美元的 Foundry。

封装业的规模要以进入世界前列为目标，2010 年的销售额应超过 1100 亿元，为此，要大力发展 BGA、PGA、CSP、MCM、SiP 等高密度封装技术。

作为集成电路生产支撑体系的集成电路设备行业要与芯片生产线、国家研发中心相结合，共同开发必要的关键专用设备和材料，一要加大设备本身研发投入的力度，二要在开发新的集成电路工艺和器件结构的基础上，制造与之相适应的装备和材料，而不是跟在别人后面亦步亦趋地靠仿造或追赶过日子。

（3）纵深部署，建立国家研发中心

经济学研究表明，R&D 资金和人员投入的增长与劳动生产率增长之间并非呈明显正比关系。为了尽可能减少重复研究、增大 R&D 技术外溢，多年来，国外在研发组织活动中进行了许多有益的尝试，并得出了最低端的竞争是“价格竞争”，最高端的竞争是“新组织类型竞争”的结论。以往，我国几乎仅围绕“政府资助系统”的单一模式进行。企业资金与人力资源匮乏，始终未能有效地进行大生产技术研发，而研究院所开发的单项工艺或器件模型等科研成果也始终不能很好地实现产业化。产业发展的经验是：当一个产业出现“集体危机”时，要采取“集体行动”的方式解决，美国的 SEMATECH、日本的 VLSI、欧洲的 IMEC 都是在这种情况下组建的“产前研发联盟”，实践证明“产前研发联盟”是一种能够使技术外溢，能够为成员提供知识产权保护的，有效的“新型组织”。

“产前研发联盟”需要一个供全体成员开展研发活动的平台，需要各成员派出优秀的研究人员共同开展研发活动，同时也必须具备进行充分创新和交流的工作环境。平台的建设将减少知识扩散成本和试错成本，还会通过 R&D 人员的隐性知识交流创造新的知识，最终使各成员交叉受益。鉴于产前研发联盟是一种能够激发原始创新能力、能够通过整合资源形成集成创新能力和通过引进消化吸收形成再创新能力的较好组织形式；是符合自主创新战略目标的，企业为主体、产学研用结合的集约化技术创新体系；是能够在较短的时间内实现关键技术和核心技术突破的、控制和降低对国外资源依赖程度的有效战略举措；是加速科技成果向现实生产力转化的新型纽带和桥梁，因此，从“十一五”开始，即应启动国家集成电路产业产前研发联盟和国家集成电路研发中心的建设工作。

国家集成电路产业产前研发联盟的建设要遵从“面向产业，面向核心竞争

力，面向世界”的基本原则。其主要宗旨是：

1）坚持自主创新，积累和发展自主知识产权，在共享产前技术、各自开发know-how的前提下，攻克新一代集成电路核心技术，提升产业竞争力，实现集成电路产业的持续和协调发展。

2）联盟要建立与产业界的长期合作与联系，为集成电路企业提供专利技术和成套的下一代工艺技术，并解决生产中出现的关键技术问题。在技术研究与开发层面上，推广科研成果，使产业界联合起来，共同谋求技术进步。

3）集中搭建先进技术的试验平台，即国家集成电路研发中心及其所属实验线，成为全国科研院所和企业可以利用该中心设施开展自主研究与开发的基地。

4）成为全国企业和科研院所培养、培训高级专业人才的基地。

5）加强与国际科研院所和企业的交流，向国际开放，特别是与大型设备生产厂商之间的合作，加强设备与工艺结合的相关研究，加速设备实用化进程，成为新设备、新材料和新工艺的实验基地。

集成电路产业产前研发联盟和国家集成电路研发中心的运行模式是：

1）参照国际经验，采取创新模式运作。建成股份制的事业法人单位，由国家、地方和企业联合投资，吸引企业早期介入。运行5年后，在国家和地方项目的持续支持下，实现自负盈亏的良性循环。

2）成立由投资方和专家组成的董事会，负责制定发展战略、项目规划和重大举措，指导并监督中心的运作情况。面向国际招聘中心主任、副主任并组成全新的领导集体。通过各种方式吸引国内外有实际经验的技术人才和管理人才。建立合理的管理机制，在明确对中心负责人授权的同时，也要明确负责人应承担的领导责任。

3）成立科技委员会和顾问委员会，负责科研计划的建议和审查、科研成果的鉴定及研究院所前沿科研项目与联盟的联系与衔接。

4）产前联盟采用会员制，企业和科研单位可以申请参加，各会员单位必须每年按时以不同形式（有形或无形资产）缴纳会员费，并能够以同等权力享受联盟的研究和人才培养成果。

5）研发中心初期建设费用主要由国家投入，将一流设备、一流人才、一流技术整合到这一平台上来，使其逐渐形成一个具有较强自主创新能力、成果不断向企业辐射的中心。

2010~2015年，集成电路产前研发联盟的主要任务是：

1）重点突破45纳米技术节点的大生产技术和进行相关专用设备、专用材料的研发；

2）同时对小于45纳米的新器件、新工艺和新结构电路的研发进行部署，如对应力硅、锗硅、SOI等新型集成电路材料进行研究，形成坚实、完善的原始创新能力；

3）集成上述研究成果，能够向集成电路制造生产线提供成套标准加工工艺，构建自己较为完整的知识产权保护体系和集约化技术创新体系；

4）通过引进消化吸收所形成的再创新能力，进行集成电路专用设备研制，并着重解决与新设备密切配合的工艺模块开发问题；

5）与集成电路制造厂相结合，共同进行 IP 核和 IP 库的开发；

6）与设计企业、封装企业、设备制造企业联合，进行 SOC 设计方法学的研究、集成电路后道工艺和封装技术的研究。

国家集成电路研发中心的主要建设内容是：

1）集中力量建设一个 4000 ~5000 平方米净化实验室，设置 12 英寸纳米级集成电路研发实验线（mini-fab），从事 45 纳米节点为代表的下一代集成电路全套核心大生产技术的开发与研究；

2）建设相关的新器件、新工艺、新结构电路、新材料和 IP 开发研究实验室，进行先期研究；

3）与《国家中长期科学和技术发展规划纲要（2006—2020 年）》中的专用设备研究相结合，开发新一代集成电路专用设备和与之相关的工艺；

4）与有关高校和研究所合作建立基础研究和应用基础研究实验室；

5）成为中国集成电路高级专业人才的培训中心。

国家集成电路产业产前研发联盟组织结构如图 11 所示。

（4）培养集成电路专业技术和管理人才

人才是一切竞争的核心。人才是创新活动的重要载体，也是创新活动源源不断的动力，同时，科技创新与产业发展的过程也必然是人才培养和成长的过程。为尽快实现 2010 年培养设计人才 4 万人、工艺人才 1 万人的目标，要着重做好以下人才培养的各项工作。

1）人才培养要进行体制和机制的创新。

要加强行业中正确“人才价值观”的教育和熏陶。“加强理想信念教育，弘扬以爱国主义为核心的民族精神和以改革创新为核心的时代精神”。

为优秀人才、优秀创新思维开创一个“宽容”的体制，对“单纯”以绝对分数和 SCI 收录数为标准选拔人才的体制进行改革，增强鼓励创新的理念；设立专门的科技创新风险基金，允许进行探索实验，允许失败。

对优秀的技术人才和具有技术、市场和管理的综合人才应给予适当奖励，积极帮助和支持科技人员申报国家各类基金项目、国家和地方的资助创业项目和享受投资的补贴优惠政策的项目等。

健全人才激励机制，在立法上，保障人才按智力要素（技术、管理、知识产权等）参与分配，诸如将持股经营、期权分配、风险抵押经营等方式以法律法规

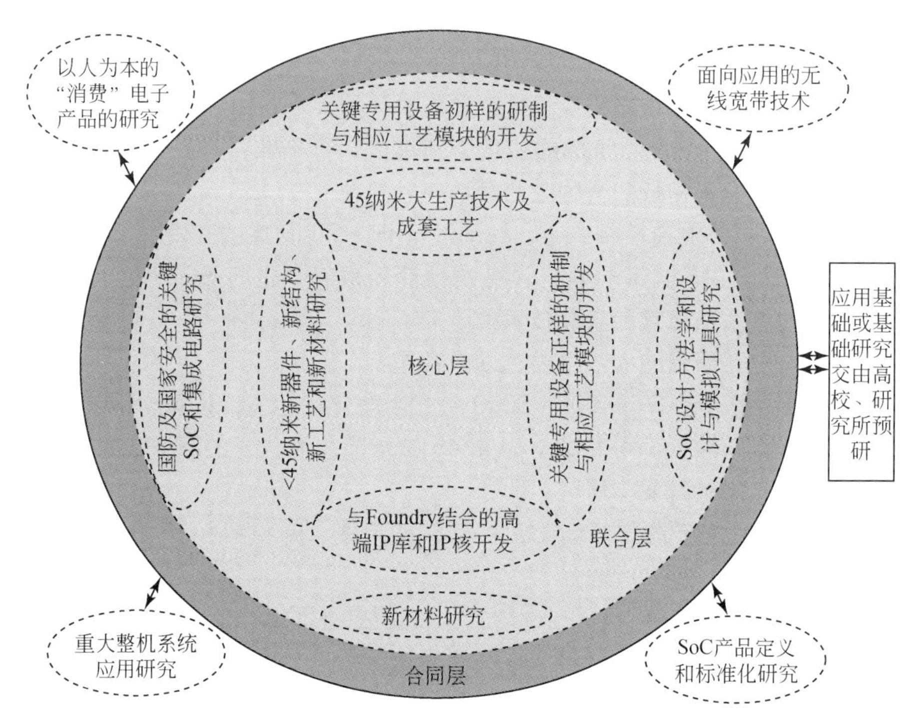

图 11　国家集成电路产业产前研发联盟组织结构

的方式呈现。

适度降低高级技术人员与管理人员的薪资落差有利于留住技术人才。

营造尊重劳动、尊重知识、尊重人才、尊重创造的社会氛围，使更多的优秀科技人才特别是年轻人才脱颖而出、发挥才干。

要创造使更多的人才回国工作的条件，充分体现知识的价值，探索成建制地引进人才的途径和政策，尽快缩短我国集成电路产业在技术、市场、管理诸方面的差距。

通过多种途径和形式，形成完整的人才教育和培训梯度机制，对示范性软件与微电子学院和集成电路人才培养基地加大投入，重点支持，国家开发银行要予以长期优惠的政策性贷款支持，国家集成电路人才培养基地可享受示范性软件学院的有关优惠政策。

加强工程硕士的培养工作，适度扩大工程硕士招生规模，每个人才培养基地的规模达到300 ~500 人。要鼓励国家集成电路人才培养基地积极开展校企合作办学，如高校与优秀企业合作指导硕士研究生和博士研究生的研究；高校与产业界共同建立博士后流动站；政府（如劳动与社会保险局）、学校社会或与国际联合共同进行成人教育等，鼓励国际合作办学，在人才培养工作中充分利用国内产业界和国际学术界的资源。

将各种集成电路教育和培训组织，包括社会非公的培训组织等纳入统一管理、规划和服务范围，并给予平等待遇。

充分发挥行业协会、人事咨询机构、人才中介服务机构的作用，并使其规范化，使企业在人力资源管理上有所创新，并实施外包，从而使企业集中精力开展核心业务，有效控制和减低运行成本。

2）多层次、多侧面培养人才。

注重高素质领军人才的培养。集成电路产业是跨学科、多领域的综合性产业，既熟悉技术又熟悉管理、既有战略思维头脑又有运用经济知识能力的领军人物是当前重点急需培养的人才。

着重培养系统级、掌握 SoC 设计技术和设计方法学的人才，培养掌握整套工艺、熟悉全工艺流程的制造人才和相应的封装测试人才。

通过与国外进行重点项目合作的方式引进人才和培养人才。

通过选择产业热点对关键人物进行专题培训。

加强国际交流，加大国际合作与交流的广度和深度，鼓励与国外机构和教授间的科研合作项目与学术交流活动，设专项经费来引进国外最新的集成电路教学和培训的内容，确保我国集成电路人才培养和培训的质量和水平与国际水平同步。

3）充分发挥高校与企业培养人才的作用。

应扩大我国高等院校培养集成电路专业人才的规模。要在本科和研究生招生计划安排中，根据办学条件和能力以及培养的实际情况，扩大高等院校集成电路设计和制造产业急需的相关专业的招生，使集成电路设计和制造及相关专业本科和研究生的招生规模和培养质量有较大幅度的增长和提高，迅速形成足够的高层次集成电路专业人才培养能力，提高我国集成电路专业人才在数量与质量上的国际竞争力。

有关列入“211 工程”和“985 工程”建设的高校，要将国家集成电路人才培养作为重点建设内容，把电子科学与技术、电子信息科学与技术、电子信息工程、光信息科学与技术、通信工程、信息安全、固体物理与半导体技术、计算机科学与技术、电气工程及其自动化等相关专业的高年级学生，有一定规模地转到微电子工程硕士的培养上来。

加大师资培养培训力度，提高教师质量和水平。要实施“优秀集成电路教师引进特别项目”，在 5 年内引进约 100 名国外优秀集成电路教师，以解决我国集成电路师资数量和水平严重不足的问题，实施“集成电路教师培养和培训特别项目”，组织 1000 名教师参加集成电路师资培养和培训。培养和培训方式包含“请进来”和“送出去”两种方式，重点培训中、青年教师。

（5）进一步完善我国集成电路产业政策

为了加速发展我国集成电路产业，几十年来，我国曾制定过多次优惠政策，其中18号文件及其配套措施是一个内容比较丰富的产业政策，并且已收到了良好效果。鉴于各个时期我国所制定的经济政策和集成电路产业专项政策的针对性都比较强，不可避免地带有一定的局限性，因此要根据国内外发展的新形势和我国信息化使命对集成电路产业提出新要求，应对我国集成电路产业政策进行一次比较全面的研究，并逐步实现集成电路产业政策法制化。

具体内容包括：

涉及企业：

封装、测试、设备、仪器、材料等相关企业应列入享受优惠政策的范畴。

税收政策：

对集成电路最终产品形成前的各流转环节免征增值税，在集成电路企业销售（包括进口）集成电路最终产品时，一次性征收流转环节增值税；

加工工艺大于等于0.18微米、小于1微米的集成电路制造企业应享受所得税5免、5减半的待遇；

小于0.18微米的企业应享受10年免缴所得税的待遇；

集成电路行业内的个人所得税减征适当比例（如30%）。

员工培训费可在税前列支；

企业用于对集成电路产业的投资可抵减所得税应税额；

将集成电路专用设备（含仪器）生产企业进口的自用设备、自用生产性材料和零部件的关税调降至零；

对集成电路企业直接出口的集成电路产品实行零税率。

人才政策：

鼓励成建制的海外人才回归祖国参加集成电路产业建设，在工资、住房等方面予以适当补贴；

集成电路从业人员可持海外公司股票；

放宽技术成果在集成电路企业中的占股比例。

投融资政策：

鼓励境内外各类经济组织和个人投资于我国集成电路企业；

在证券交易所设立集成电路企业专项上市业务；

由国家开发银行拨专项贷款支持集成电路企业的兼并与重组工作；

设立逐年递增的、专门的科技创新风险基金；

对企业进行技术升级换代所进行投资的贷款部分给予贴息；

由进出口银行提供专项进出口信贷资金。

（五）2020 年我国集成电路产业技术发展展望

为了在 2020 ~2025 年建设成微电子强国，我国将从“十一五”后期开始，逐步实行超越世界微电子技术发展的研发计划，并力争在某些单项领域实现突破，能够引领世界技术发展潮流，并重点从集成电路芯片设计、芯片加工工艺和新型器件的工艺研发等方面着手实施创新式发展。因此，要把 2010 年以后世界先进国家和地区微电子技术和集成电路产业发展的路线图（roadmap）（表 4）作为我国微电子技术和集成电路产业发展的参考。

表 4　世界集成电路技术发展预测（ITRS，2005）

Product generations and Chip Size Model Technology Trend Targe-Near-term Years

Year of Production	2005	2006	2007	2008	2009	2010	2011	2012	2013
DRAM 1/2 Pitch（nm）（contacted）	80	70	65	57	50	45	40	36	32
MPU/ASIC Metall（MI）1/2 Pitch（nm）	90	78	68	59	52	45	40	36	32
MPU Prined Gate Length（nm）tt	54	48	42	38	34	30	27	24	21
MPU Physical Gate Length（nm）	32	28	25	23	20	18	16	14	13
ASIC/Low Operating Power Printed Gate Length（nm）tt	76	64	54	48	42	38	34	30	27
ASIC/Low Operating Power Physical Gate Length（nm）	45	38	32	28	25	23	20	18	16
Flash 1/2 Pitch（nm）（un-contacted Poly）（f）	76	64	57	51	45	40	36	32	28
DRAM 1/2 Pitch（nm）（contacted）	28	25	22	20	18	16	14		
MPU/ASIC Metall（MI）1/2Pitch（nm）	28	25	22	20	18	16	14		
MPU Prined Gate Length（nm）tt	19	17	15	13	12	11	9		

Year of Production	2014	2015	2016	2017	2018	2019	2020
MPU Physical Gate Length（nm）	11	10	9	8	7	6	6
ASIC/Low Operating Power Printed Gate Length（nm）tt	24	21	19	17	15	13	12
ASIC/Low Operating Power Physical Gate Length（nm）	14	13	11	10	9	8	7
Flash 1/2 Pitch（nm）（un-contacted Poly）（f）	25	23	20	18	16	14	13

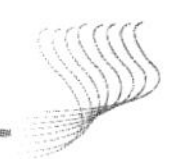

根据国际半导体技术路线图（International Technology Roadmap for Semiconductor，ITRS）发布的未来半导体工艺技术预测，世界集成电路主流工艺到2016年，将可能经历2007年的65纳米工业化生产、2010年的45纳米工业化生产、2013年的32纳米工业化生产、2016年的22纳米工业化生产四个发展阶段。其中，前两个技术节点将在2006~2010年实现，后两个技术节点将可能在2013~2016年实现。

1. 芯片制造加工技术

对以上技术节点的研发所涉及的几项关键技术有：新型栅层材料的研发；下一代光刻技术的选择，目前极紫外光刻（EUV）、电子束直写和无版光刻都是可能的备选方案，但最现实的应开展浸渍式（immersion）光学光刻的研究；光学和后光学掩模版的制备；新型可制造互连结构和材料的制备；光刻胶的制备；新型光刻机、刻蚀机等配套设备的制备等。

2. 新型器件的研发

非传统CMOS器件：非传统CMOS包括先进的MOSFET技术，主要新技术有：单栅非传统CMOS技术和多栅非传统CMOS技术。其中单栅非传统CMOS技术包括：载流子输运能力增强的场效应管、超薄体的绝缘体硅（silicon on insulator，SOI）场效应管、源/漏工程场效应管。多栅非传统CMOS技术主要包括：N栅（$N>2$）场效应管、双栅场效应管。

新型存储器：几种较新的存储器技术主要有：相变存储器、纳米浮栅存储器、单电子/多电子存储器和分子存储器等。

逻辑器件：CMOS器件和工艺的按比例缩小将在2019年达到16纳米技术节点（7纳米物理沟长）。新的挑战要求发明和开发新型逻辑器件：主要有谐振隧道器件、单电子晶体管、快速单通量量子器件、一维器件和分子器件等。

低功耗器件：低功耗器件有可能成为今后集成电路技术和产业发展的瓶颈，必须从现在起，就要开始着重对低功耗器件的机理、器件模型、设计方法及相关工艺进行研发。

3. 集成电路设计技术

集成电路设计技术的基本要素包括工具、库、制造工艺特征描述和方法学。随着微细加工技术的发展和SOC设计时代的兴起，器件的总线架构技术、SIP

核可复用技术、可靠性设计技术、软硬件协同设计技术、SOC 设计验证技术、芯片综合/时序分析技术、可测性/可调试性设计技术、低功耗设计技术、新型电路实现技术等，将在更小线宽的设计规则下进行。

工艺的按比例缩小，新材料、新器件、互连结构的引入所带来的器件寄生效应、阈值电压、高频器件耦合及互连等，对集成电路设计技术提出了越来越大的挑战。集成电路设计技术，必须在设计规则、设计工具、单元库、制造工艺特征描述、设计方法学等方面进行开创性研发，设计必须与芯片制造工艺同步互动式发展。

设计业将向更细的方面分工，如 SIP 设计和系统设计等。设计企业的经营模式将相应会有所变化。

4. 集成电路封装技术

电子整机为了提高性能，留给电子元器件的空间，尤其是半导体封装的空间与日俱减。因此，需要发展体积更小的、多功能的先进封装技术。焊接板变得越来越小，对芯片减薄、硅圆片传输、芯片与焊接盘安装、引线框架等设计，以及引线键合、板的互连、凸点制作、裸芯片老炼等都提出了新的挑战。故必须加速发展新型电子封装技术：芯片尺寸封装（CSP）、焊球阵列封装（BGA）、芯片直接焊封装（DCA）、单级集成模块封装（SLIM）、圆片级封装（WLP）、三维封装（3D）、系统级芯片（SoC）封装、系统级封装（SiP）、微电子机械系统（MEMS）封装、倒扣芯片（FC）焊封装、无铅无溴封装等。

对新型封装材料的电性能、机械性能、热性能、成本、可靠性等提出更高的要求；芯片、封装和衬底的协同设计日益需要新型 EDA 工具的支持；更高频芯片或新型器件需要新的封装类型和技术。

5. 集成电路测试技术

随着电路规模的日益增大和 SOC 技术的发展，要求集成电路自动测试技术和设备必须同步发展。测试设备的高速器件接口、高集成度测试方法、可靠性筛选方法、测试成本和效率等要能够适应集成电路制造业和集成电路应用领域的要求。

从“十一五”期间开始，我国微电子技术和集成电路产业就要立足于超越世界发展的信念实施上述战略举措，到 2020 年之后不仅能够与世界先进技术水平同步发展，并在某些领域能够引领世界集成电路技术发展潮流，这就需要我们在指导思想、发展策略、项目选择、目标确立等方面进行不断调整，在相关领域

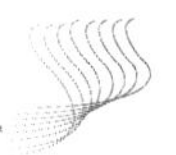

实施开创性的探索，不断开拓国际合作与交流的方式和领域，随时根据世界微电子技术和集成电路产业发展的需要进行自主创新、自我发展，以期到 2020 ~ 2025 年实现把我国建成微电子强国的宏伟目标。

本课题于 2004 年 12 月 23 日由中国科学院学部第三届咨询评议工作委员会第三次会议批准立项。历经 1 年多时间，在近百名专家多次调研讨论的基础上，撰写成本研究报告。

（本文选自 2006 年咨询报告）

咨询组成员名单

王阳元	中国科学院院士	北京大学微电子学研究院
吴德馨	中国科学院院士	中国科学院微电子研究所
侯朝焕	中国科学院院士	中国科学院声学研究所
李志坚	中国科学院院士	清华大学微电子研究所
许居衍	中国工程院院士	中国电子科技集团公司第五十八研究所
王占国	中国科学院院士	中国科学院半导体研究所
沈绪榜	中国科学院院士	西安微电子技术研究所（771 所）
俞忠钰	理事长	中国半导体行业协会
郑敏政	执行顾问	中芯国际集成电路有限公司
毕克允	副院长	中国电子科技集团公司电子科学研究院
钱佩信	教　授	清华大学
严晓浪	教　授	浙江大学
郝　跃	教　授	西安电子科技大学
王勃华	处　长	工业和信息化部电子信息司
王永文	主　任	北京大学软件与微电子学院微电子发展战略研究室
杨学明	高级顾问	中国电子信息产业发展研究院
郭毅然	高级工程师	中国电子信息产业发展研究院
钱　鹤	教　授	中国科学院微电子研究所
张　兴	教　授	北京大学
王志华	教　授	清华大学

咨询工作组成员名单

丁　伟	博士后	北京大学
张　苏	博士后	北京大学
盛海涛	副研究员	中国科学院院士工作局
傅　敏	副研究员	中国科学院院士工作局

我国节能情况调研和对策的建议

徐建中　等

能源问题是制约我国经济和社会可持续、快速发展的突出瓶颈。从能源供应情况看，我国自身的能源资源比较匮乏，尤其是石油和天然气储量相对较低，而储量较多的煤炭存在挖采和运输困难以及严重的环境污染问题。可再生能源技术虽然进步较快，但尚不完全成熟，在几十年内还不可能取代化石能源。同时，国外对我国近年来快速增长的能源需求有担忧和遏制的趋势，而且不断增长的能源进口，也使得我国能源的对外依存度提高，对能源安全造成一定的影响。另外，从能源有效利用情况来看，我国的能源利用效率非常低，与国外差距很大，能源浪费相当严重。

一、我国能源形势与节能潜力的调研与分析

（一）节能与科学用能是我国能源战略的核心和指导思想

我国经济和社会在高速发展，对能源的需求迅速增长，近年来沿海部分省市电力严重短缺和煤炭、石油、天然气在部分地区供应紧张，引起了各方面的广泛关注和高度重视。在最近发布的《国家中长期科学和技术发展规划纲要(2006—2020 年)》中，能源领域占据非常显著的位置。如果从更长的时期来考察，不难发现，由于化石能源资源有限，特别是人均占有量远低于国际平均水平，我国能源供需矛盾最尖锐、最紧张的时候并不是在 2020 年以前，而是在 2020 年以后的一段时间。可以说，能源问题是制约我国经济和社会发展的长期瓶颈，是要长期关注的重大问题。

实际上，按照三步走的发展战略，我国将在 21 世纪中叶实现中等发达的目标。届时，我国人均 GDP 将达到 10 000 美元，人口约 16 亿。考察传统工业化国家人均 GDP 达到这一水平时的人均能耗，不难发现，日本和韩国分别在 20 世纪 80 年代初期和 90 年代后期实现这一指标时的人均能耗是比较低的，大于 4 吨

标准煤；而美国和欧洲国家相应的人均能耗则是比较高的，均超过 5 吨标准煤。因此，可以认为，人均 4 吨标准煤是传统工业化国家人均 GDP 实现 10 000 美元的最低能耗标准。设想如果我国在人均 GDP 达到 10 000 美元时的人均能耗也是 4 吨标准煤，那么届时我国的总能耗就将达到 64 亿吨标准煤；依靠现有的能源生产模式，这是无论如何都难以做到的。而如果我们能把人均能耗降为 3 吨标准煤，总能耗就只需要 48 亿吨标准煤；似乎经过努力，特别是大力开发可再生能源，这是有希望达到的。因此，只有把人均能耗从传统工业化国家的最低水平降下来，达到 3 吨标准煤左右，我国长远的能源供应才可能有可靠的保障（当然，与此同时还必须努力发展化石能源的洁净技术和积极开发可再生能源与新能源）。

显然，这是一个非常艰巨的任务，不是简单的“节能”所能解决的，因为一般的“节能”只能达到日本、韩国的能耗水平，即 4 吨标准煤。因此，要大力倡导和推动“科学用能”，这样才有可能进一步降低到 3 吨标准煤左右。不难看出，节能的根本出路在于科学用能，在于努力发展和应用科学用能的理论、方法和技术，这是实现节能、达到人均能耗 3 吨标准煤左右这一目标的根本途径。因此，节能和科学用能是长远解决我国能源问题首先要考虑和关注的重大问题，应当是我国能源发展战略的基本指导思想和核心，是根本的出发点。

对于我们这样一个能源资源不丰富而又人口众多的国家，如何保证我国能源长期、经济、清洁、安全的供应和保护生态环境，如何保证我国经济的可持续发展，这是一个十分重要的问题。制定高瞻远瞩、正确可行的能源战略，对我国今后的发展至关重要，为此，应当有新的思路和新的技术途径。从上面的分析可以看到，为了同时解决能源短缺和环境污染这样两个极为困难的问题，我国的能源发展战略应以节能与科学用能为本，而不仅仅是“优先”。当然，还必须大力发展化石能源的洁净技术，开发可再生能源与新能源。

同时，依靠科学用能来节约能源也是能源科技发展的必然结果，科学技术现在已经可以并将继续为节约能源、保护生态提供强大的武器。在这里，既要注意研究共性的问题，也要逐个解决各高耗能行业的问题；既要研究其中的关键科技问题，也要重视系统的集成和优化；既要考虑科学技术方面的问题，也要同时注重管理和政策、法规、法律方面的问题。因此，节能和科学用能是我国实现三步走目标的必由之路。更进一步说，资源的节约和科学利用是我国经济与社会可持续发展的基本国策，是新型工业化国家的根本要求。事实上，这也必将是发展中国家经济和社会发展的共同道路。

同时，节能和科学用能还代表先进文化的发展方向，体现先进生产力发展的方向。其重要性不是与其他能源品种简单比较排在什么位置所能说明的，而是一个根本性的、全局性的问题。它既是一种贯彻始终的指导思想，又提供了实现的技术途径。随着世界各国经济和社会的不断发展，全球化石能源供应的紧张局面

必然加剧，节能与科学用能的重要性将日益凸现，成为各国能源科技和经济与社会发展的主要模式。

（二）我国节能和科学用能潜力巨大

与发达国家相比，我国的能源利用水平有很大的差距。总体说来，能源效率比国际先进水平低约 10 个百分点。

就单位产品能耗而言，根据比较细致可靠的调查、分析和统计，2004 年的有关数据如下。我国电力、钢铁、有色、石化、建材、化工、轻工、纺织 8 个行业主要产品单位能耗平均比国际先进水平高30% ~40%，如火电煤耗我国为 379 克标准煤/千瓦时，而国际领先水平国家的平均值为 312 克标准煤/千瓦时；大中型钢铁企业吨钢可比能耗为 705 克标准煤/吨，国际领先水平国家的平均值是 610 克标准煤/吨；水泥综合能耗为 157. 0 克标准煤/吨，国际领先水平国家的平均值是 127. 3 克标准煤/吨；原油加工综合能耗 112 千克标准煤/吨，国际领先水平国家的平均值是 73 千克标准煤/吨；乙烯综合能耗 1004 千克标准煤/吨，国际领先水平国家的平均值是 629 千克标准煤/吨；大型合成氨综合能耗 1200 千克标准煤/吨，国际领先水平国家的平均值是 970 千克标准煤/吨。

在主要耗能设备能源效率方面，2000 年我国燃煤工业锅炉的平均运行效率在 65% 左右，比国际先进水平低 15 ~20 个百分点；中小电动机平均效率 87%，风机、水泵平均设计效率 75%，均比国际先进水平低 5 个百分点，系统运行效率低近 20 个百分点。

我国许多行业的能耗都远远高于国际同行业的耗能水平，原因是多方面的。其中很重要的一条，是没有贯彻“温度对口，梯级利用”的原理，往往把高品位的能量大材小用了，而且还产生了大量的余热、余压。在许多行业中，这些余热和余压没有得到充分利用，特别是 50℃以下比较难直接利用的余热。在这方面，一种重要的方法是提高余热的温度。例如，将其提高到中压蒸汽 230℃，就可以使之得到很好的应用。这样一个将温度提高 100 ~200℃的任务是现有的热泵难以达到的，应当研制新型的热化学热泵和热声热泵：前者利用蒸汽与固体的可逆吸附反应和解吸反应；后者利用声波在与多孔介质相互作用时可以产生温度差这一物理现象。

在建筑用能方面，我国单位建筑面积的能耗很高，房屋单位面积采暖的能耗比与我国气候条件相近的发达国家高 2 ~3 倍，而热舒适程度却比它们低，其主要原因是供能系统不合理，建筑围护结构的保温隔热性能和气密性也很差。

能源利用效率与国际上的巨大差距，清楚地表明我国节能有很大的潜力，完全有可能通过科学用能来大幅度提高我国的能源利用率，赶上当今的国际先进水平，并进而保持国际的领先水平。

不仅如此，我们还要达到比传统工业化国家低很多的能耗水平，这就必须研究科学用能的新思路、新理论、新方法和新技术，以保证我国能源的长期、可靠、清洁的供应。因此，在我国节能和科学用能任重道远。一方面，我们要抓住共性的科技问题，如针对广泛存在的传热传质问题建立普遍适用的优化理论，这有重大的意义；另一方面，还要抓紧高耗能产业，特别是建筑、交通、工业等部门，逐个研究解决方法，把能耗大幅度降下来。同时，还要制定相应的法律、法规和政策，建立有利于科学用能的新体制和新机制。

二、科学用能理论与关键技术路线

（一）何谓科学用能

科学用能是研究如何高效、低污染地使用能源；具体说来，它深入研究用能系统的合理配置和用能过程中物质与能量转化的规律以及它们的应用，以提高能源、资源利用率，减少污染，最终减少能源和物质的消耗。

从这里我们可以看出，科学用能首先从系统科学的角度来研究用能的问题，这既包括对宏观的能源利用规划、方案、布局等进行探讨，也涵盖对具体的能源种类的选择、用能系统的科学配置、能源利用系统的全面解决方案等；它对用能的全过程和各个环节进行研究，应用自然科学和社会科学的理论进行分析，综合得出技术上和经济上的结论。还要在深入研究的基础上，针对共性的问题，建立科学用能的新理论、新方法和新技术，并将它们应用于工程实践。同时，要考虑用能系统的科学管理，发展有效的管理体制、机制、方法和措施，制定适应科学用能的法律、法规、政策等。

在建立共性科学用能理论方面，针对在国民经济和生活中都广泛使用的热能，已经建立了“温度对口，梯级利用”的原理，它是热力学第一定律和热力学第二定律的综合结论，是普遍适用的；它对指导热能高效、低污染利用发挥了很大的作用，而且今后必将继续发挥重大的作用。由于热能的利用常常伴随着流动、传热甚至燃烧等过程，发展针对这些复杂过程的综合控制和优化的普遍原理、方法和技术，将是非常有意义的。

不难看出，科学用能不仅包括对能量与物质转化规律的研究和用能系统、用能方法、用能技术的研究，还包括对用能的规划和管理以及相关的法律、法规、政策等的研究，因此，其综合性很强、交叉性很广；它既有自然科学多学科的联合和自然科学与工程的结合，也有自然科学与社会科学的融合。

由上述可见，科学用能贯穿在各种各样能量转化和利用的过程，在社会和经

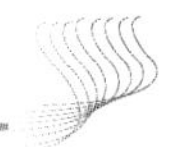

济的各个部门普遍存在，它对各种能源用户都有现实的意义。因此，科学用能与全社会、与每一个人都有密切的关系。

（二）建筑节能与科学用能

我国的节能，过去主要注意力集中在工业节能，对建筑节能重视不够，致使建筑能耗处在比较落后的状态。到2002年末，全国只建成节能建筑2.3亿平方米，仅占城市建筑面积的2.1%。

随着我国经济和社会的迅速发展，建筑能耗所占的比例在2000年为27.8%，目前已经达到30%左右。最近一段时间，我国处于房屋建筑的高峰期，预测到2020年，每年还将建成约20亿平方米房屋。因此，建筑业应当是我国推进节能和科学用能的重点行业之一，必须高度重视。抓好建筑节能意义重大；而这也只有通过科学用能才能够完成。

在这里，首先，要制定一个全局性的建筑节能和科学用能的规划，既有技术层面的内容，包括系统和关键技术，也要考虑管理和政策、法律等方面的问题，还必须与市场的需求结合在一起，通盘加以规划。

就技术层面来讲，应当从整个建筑群或建筑小区复合能源系统的角度来分析和研究如何科学用能的问题，再针对具体的建筑物寻求科学用能的解决方案。这里包括能源的来源和种类、能源的转化、能源的利用、围护结构用能分析和耗能设备用能分析等几个重要环节。

特别重要的是，对建筑能源系统的特点要有一个根本的分析和新的认识。实际上，在建筑物使用的能源中，除照明等少数应用外，主要是冷和热的需求（占80%左右）；而这些需求的温度范围与建筑物周围的可再生能源、环境能源（空气、水、土壤等）大致相当。因此，可以通过各种热泵，充分发挥可再生能源和环境能源的作用，得到所需的冷和热，节约大量的电力和化石能源。这也完全符合环境保护的要求。因此，尽可能多地使用与冷、热品位相近的可再生能源和环境能源，应当是建筑物节能和科学用能的主要方向之一。

在这方面，太阳能、地热能和环境能源可以发挥很大的作用，而风能、生物质能等也可因地制宜地在不同地区得到很多应用。在太阳能比较丰富的地区，太阳能在建筑物能源系统中的应用应当不断扩展，还可进一步发展太阳能冰箱、太阳能采暖和制冷、除湿等技术，并开展有利于太阳能利用的围护结构的研究。即使是照明，也可以尽可能地采用太阳能，从而节约化石能源和电力。在利用可再生能源和环境能源中，必须采用环境友好的技术，避免对环境造成二次污染，这是需要特别注意的。

有必要指出，充分利用环境能源，大力发挥热泵的作用，既可以带动一个工业行业在我国的大发展，又可以为建筑节能做出重大的贡献，有重要意义。对建筑节能而言，如何针对具体用户来提高能源利用率和减少污染，需要经过计算与分析，制定出正确、可行的方案。

在我国，高层建筑比较多，仅靠利用周围的可再生能源和环境能源，在许多情况下可能是不够的。为此，有必要将可再生能源、环境能源与化石燃料互补使用，发展一种新型的分布式能源系统，这对于提高能源利用率、减少化石燃料的消耗和降低环境污染都有很大作用。为了提高这种分布式能源系统的能源利用率，必须正确处理和选择冷、热、电三者之间的关系，特别是要尽可能地利用中低温余热。针对具体建筑的不同需求情况，有必要制定节能率高、经济效益好的“个性化”方案。这种新型的分布式能源系统的使用与推广，对于改变城市的能源结构和布局也很重要。

从能源利用的角度看，围护结构可视为一个子系统。过去，对这一子系统仅仅是要求其有高水平的保温隔热性能和气密性。而现在，还要进一步考虑其功能化的问题，使其在节能、环保和舒适性方面发挥更大的作用。因此，在围护结构的选用、参数选择和功能化方面，应当进行统一的分析和计算，以提高整个复合能源利用系统的效率。

在上述考虑的基础上，便可以对建筑复合能源利用系统进行集成建模和相应的软件开发以及数据库建设；进一步还可以发展出这一系统的理论体系、计算方法和计算程序以及所需的信息平台。这些方面的发展，将有利于推动建筑科学用能，提高建筑节能的技术水平。

对于建筑节能而言，与其他行业一样，是和技术的进步、产品的更新换代紧密相连的。一方面，建筑材料和构件的节能产品将提高整个建筑能源系统的节能水平；另一方面，在建筑物中采用节能的耗能设备也有重要意义。例如，高效、长寿命灯具的采用对节能有显著效益，特别是随着半导体照明技术的发展，这方面的潜力将得到很大的发挥。从这里我们也可以清楚地看到，建筑节能的综合性很强，对国民经济的其他部门有着带动作用。

与信息技术相结合，也是建筑科学用能的一个重要发展方向。通过采用先进的智能控制方法，既为实现科学用能、绿色建筑提供了技术上的保证，也是智能建筑的重要内容。

（三）工业节能与科学用能

高耗能产业主要集中在工业领域，推进工业的节能与科学用能是实现节能总目标的重要途径。工业领域，如电力、冶炼、化工、造纸、机械等高耗能行业，是推行科学用能的关键领域。

高耗能的工业和高耗能的产业的科学用能问题，情况很复杂，需要针对具体问题，具体分析，逐个加以解决。其中有产品换代更新的问题、技术革新的问题，也有循环利用的问题。目前一个重要的问题是高耗能产业在中西部能源地区的畸形扩张，能源和资源的利用极不合理，不仅会加重我国能源和资源的紧张局面，还会严重污染西部地区的生态环境，所以必须制定一个合理的工业节能计划，依靠科技手段，通过研发来探索降低能源强度的工业技术，如重点开发高耗能工业生产过程集成优化节能技术和新工艺，主要是在冶炼、煅烧、熔融、石化等化工生产过程中深化能的梯级利用理念，推广综合优化节能技术，先使单位产品平均能耗达到或接近国际先进水平、能源综合利用率提高10%以上，再进一步提高到最先进的水平。在这方面有美国的节能计划可作为参考，它的目标是：2002~2020年，用18年的时间将高耗隔热强度降低30%。

贯彻国家科技中长期规划相关内容，要求发展化工－动力多联产技术。多联产系统是从整体最优角度、跨越行业界限，所提出的一种高度灵活的资源/能源/环境一体化系统。多联产系统的技术要点为：以煤、石油焦或高硫重渣油为原料（后者可以和石化企业结合），用纯氧或富氧气化工艺制得合成气（主要成分为CO和H_2）；合成气可有多种用途，通过系统集成，可以实现大型高效发电（燃气轮机/蒸汽轮机联合循环发电或燃料电池发电）的同时生产以下产品：清洁液体燃料（甲醇、二甲醚、F-T液体燃料等），其他化工产品（合成氨、尿素、烯烃等），也可以实现综合供能（包括生产城市煤气，供热、制冷等）。多联产系统的实质是化工生产流程与动力系统之间的有机结合。通过化工流程与动力系统的结合，多联产系统比各自单独生产的分产流程可以简化流程结构，提高能量利用率，从而减少基本投资和运行费用，降低各个产品的生产成本。同时，利用多联产系统流程结构灵活的特点进行化学储能，实现“移峰添谷”，使多联产系统具有良好的变工况特性。通过在燃料气的阶段从源头来脱除污染物，可以使传统污染物（如SO_2、NO_x、粉尘等）接近零排放，甚至在未来实现温室气体（主要为CO_2）的零排放。

我国是《京都议定书》缔约国，将在其第二阶段开始承担温室气体减排义务。控制温室气体的途径主要包括调整能源结构、发展创新减排技术路线等。前者是国家能源发展的宏观调控问题，属于战略研究的范畴，而对于技术路线研究，减排的主力在于化石能源利用系统减排技术路线的创新。例如，化石燃料燃烧释放的CO_2约占温室气体总排放量的83%，其中电力系统、钢铁与化工约占56%，交通约占32%，居民生活约占12%。电力、钢铁与化工等高耗能系统排放的CO_2来源固定、量大且集中，易于分离回收。因此，上述能源利用系统将承担绝大部分减排任务，科学用能与温室气体控制相结合，可以起到一举两得的作用，而且在能源与环境学科交叉领域开辟新的方向。例如，作为科学用能的关键技术，以燃烧过程革新为核心的多功能能源系统，通过燃烧与 CO_2 控制一体化，如化学链燃烧与 CO_2 控制一体化的能量释放过程，可以同时实现能源利用率的大幅度提高与温室气体的分离、收集。多功能能源系统与我国能源产业的关键技术路线——超临界发电系统相比，节能高达 30%~40%，CO_2 减排 40%~60%，同时大幅度降低其他污染物的排放。初步分析表明，随着多功能系统技术路线的推广程度的不同，可在未来 50 年内实现我国温室气体减排30%~50%。

（四）科学用能与循环经济

作为科学用能的重要方面，采用新技术来推动产业进步和提升，促进产品更新换代，改进工艺流程有很大的意义。在这方面，除分布式能源系统外，前述半导体照明技术近年来的发展提供了另一个很好的范例。现在已经可以断言，LED 的大规模应用将为照明技术带来一场革命，为大大节约照明用能做出贡献。

应当特别指出，为了达到既节约能源使人均 GDP 达到 1 万美元时的人均能耗在 3 吨标准煤左右，同时又保护生态、改善环境的目标，必须十分注意将清洁生产和化学能的释放相结合，也就是控制反应物和化学反应的条件，使物质尽可能地充分利用，能量尽可能地充分转化，并且不产生或尽可能少产生污染物。这就要求深入研究物质转化和能量转化过程，将梯级利用原理扩大到化学能，使资源循环利用，从而最大限度地利用资源和能源，最大限度地减少“废物”和“废能”。在这个过程中，还应重视产生的余热和未充分反应物质的有效利用，以提高物质利用率和能源利用率。

为了做到这些，除了应重视各个工业过程本身的技术创新，尤其是清洁生产技术的源头创新和发展新技术、新工艺外，往往需要多个化工过程的交叉，实现在单个过程所无法完成的物质循环使用和能源充分利用，形成新的流程，这就要求多领域、多学科的渗透和融合，在系统集成的基础上，建立和发展新的工艺和方法，改变现有的技术，节约物质，节约能源，减少污染，保护生态。

以盐化工和天然气化工为例。传统的盐化工以高污染、高能耗著称，是按“资源—产品—污染排放”这样一种单向直线的方式进行的。为了实现可持续发展，必须改变这样的路线，也就是说，要通过清洁生产、科学用能和资源再循环来改变高污染、高能耗的模式，建设环境、资源和经济协调发展的新型生态工业。为此，首先必须抛弃原有的电解制碱方法，而采用熔态水解法这一清洁生产的新工艺，其产生的氯气供天然气化工，可作为生产 PVC 的原料，从而从根本上解决了高污染、高能耗的问题，实现原料、生产过程和产品全生命周期的环境友好。在科学用能方面，从化学能和物理能的综合梯级利用出发，建立化工/动力的多联产系统：高温热量供熔态水解法和天然气部分氧化及蒸发、结晶、分离

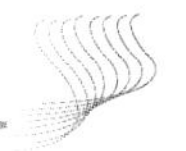

等化工过程和供蒸汽动力用；中低温热能则通过热泵技术和吸收制冷技术来回收、利用。在资源再循环方面，将盐化工、天然气化工和天然气能源相结合，使产业得以耦合和延伸，除盐酸或氯气外，将天然气能源产生的富集二氧化碳与盐化工相结合，用于碳酸化工艺，使通常难以处理的二氧化碳得到利用。如果还有农业废弃物，可以与盐酸或氯气结合，生产高蛋白的饲料。这样，两种化工过程和动力循环这三者就紧密地联系在一起了，形成一个完整的新“循环”和交叉，既充分利用了物质，又大大节约了能源，并有效地减少了污染物的排放。可以说，这是新型工业化的重要内容之一。

三、对策建议

前面已经论述，节能和科学用能涉及千家万户，与方方面面的利益相连，是一个十分庞大而复杂的系统工程。因此，要多层次地、全方位地在全社会推动节能和科学用能。

1）必须实施全社会的科学用能战略。应当进行全民的节能和科学用能的教育与宣传，深刻认识在我国实施节能和科学用能的必要性、紧迫性和重大意义，树立强烈的危机意识，倡导可持续发展的生活方式，反对铺张浪费，从一点一滴做起，从自己做起。在这方面，应当充分发挥每年一次的“节能宣传周”的作用，加强其功能，深入、系统地介绍科学用能的理念和先进技术，并制定相关措施。每次宣传的内容不在多，而是要有针对性，形式多样，通俗易懂，便于实现，使节能和科学用能逐渐深入人心。在提高思想认识的基础上，广泛开展我国能源利用情况的调研，分析、研究、总结节能工作的现状和存在问题，从而制定适合我国国情的节能与科学用能的规划，开展节能与科学用能的工作。在深入调研的过程中，还可以对现有的节能方法、技术和措施进行整理、筛选、提高，并进一步加以集成和推广。

2）紧紧抓住高耗能产业和重点领域的科学用能。对这些产业和领域，逐个进行分析、研究，找出能耗高的基本原因，制定科学用能的全面规划，提出科学用能的新思路、新方法，发展新技术、新工艺。对其中的一些关键问题，凝练优先资助课题，深入进行研究，力争早日突破。在这方面，引进国外先进节能技术是十分必要的，在引进的同时，应当特别注意加强消化、吸收和实现国产化、产业化，并且应进一步加以改进、创新，提高节能的水平，并使之早日成为具有我国自主知识产权的新技术。为此，应在提高对这一工作认识的基础上，加大对消化、吸收及改进、创新的投资强度，并采取一定的强制措施和鼓励政策，发展出我国自己的技术。同时，应当采取有力措施，制止高耗能产业的发展。例如，设定新建企业的能耗门槛，不允许再建设高耗能企业。有必要强调对现有企业制定科学用能规划的重要性，因为在这方面潜力很大，特别是能源生产企业，能源的浪费现象非常普遍，采用科学用能的办法可以节约大量能源，创造可观的经济和社会效益。

3）建立科学用能的新理论、新方法。针对共性的科技问题，进行系统、深入的研究，特别是充分运用3R原理、能的综合梯级利用原理等，结合循环经济、新型工业化道路来研究，建立普遍适用的理论，指导科学用能的实践。在这方面，必须十分重视和加强基础研究工作，鼓励不同方法、不同途径的探索，以真正提高我国的自主创新能力，开发出具有完全知识产权的新技术、新方法。为此，有必要设立专项的奖励基金，鼓励发展节能和科学用能的新思路、新系统、新理论、新技术。在国家自然科学基金委员会中，也应加强对节能和科学用能基础研究的资助。

4）应当采取各种有效手段和措施，把节能和科学用能落在实处。在这方面，要做的工作很多，特别是应当研究在市场经济条件下，如何加强节能和科学用能工作，使节能和科学用能能够产生比较显著的经济效益与社会效益。在这些方面，政策、法规和法律，起着极为重要的作用。应当对现有的政策、法规和法律进行清理，尽早加以完善，尤其是修改《节约能源法》等重要法律，并根据实际需要再制定一些必要的政策、法规和法律。同时，也应制定各种产品量化的能耗标准，要有明确、具体的指标，严格执行，并加强检查和监督。此外，在管理方面也有许多工作要做。

（本文选自2006年咨询报告）

咨询组成员名单

徐建中	中国科学院院士	中国科学院工程热物理研究所
过增元	中国科学院院士	清华大学
蔡睿贤	中国科学院院士	中国科学院工程热物理研究所
周　远	中国科学院院士	中国科学院理化技术研究所
陶文铨	中国科学院院士	西安交通大学
金红光	研究员	中国科学院工程热物理研究所
王志峰	研究员	中国科学院电工研究所
王如竹	研究员	上海交通大学
杜建一	副研究员	中国科学院工程热物理研究所
傅　敏	副研究员	中国科学院技术科学部
柯红缨	副研究员	中国工程热物理学会
隋　军	副研究员	中国科学院工程热物理研究所
白　泉	助理研究员	国家发展和改革委员会能源研究所
冯志斌	博　士	中国科学院工程热物理研究所

关于我国中西医结合医学发展的若干问题和建议

陈可冀　等

目前，中西医结合医学在我国的现状不容乐观，难以适应和满足国家发展和社会进步的需求，中西医结合医学的发展亟待得到国家尤其是相关主管部门的关注。

现实中我国存在中西医两种医学，这两种医学的互相补充和交叉——中西医结合，是科学发展的客观规律。中西医结合有两种含义：其一，在医药卫生工作中，提倡中西医团结合作，互相学习，共同提高，更好地为人民服务；其二，在医学科学发展中，中西医在学术上互相促进，互相取长补短，做到优势互补，古为今用，洋为中用，推陈出新，实现更多的创新，为提高防病治病效果，为弘扬中华民族文化，为我国乃至世界医学科学发展，做出我们的贡献。中西医结合在我国已有半个多世纪的发展历程，它在保障人民健康，促进我国乃至整个世界医学事业的发展方面，做出不可磨灭的贡献。中西医结合医学的发展，将为我国在医学领域的创新和发展，赶超世界先进医学科学水平提供崭新的契机。由于种种原因，中西医结合在我国一直还得不到有关部门应有的重视，属于“被冷落的优势”；半个多世纪积累的优势，大有被其他国家赶超的危险。在我国，如何为中西医结合医学提供良好的政策及技术发展环境，提供更大的发展空间，以促进我国传统医学和结合医学的和谐发展，在医学科学领域实现更有深度的自主创新，彻底改变广大群众“看病难，看病贵”的状况，已经成为一个关乎广大人民身体健康、全社会和谐稳定并体现时代特征的优秀文化传承的重大问题。目前，中西医结合医学在我国的现状不容乐观，已经难以适应和满足国家发展和社会进步的需求。中西医结合医学的发展亟待得到国家尤其是相关主管部门的关注。

一、中西医结合的发展历程和认识误区

中、西医学是两种很不相同的学术体系。17 世纪中叶，西方医学开始传入

中国，从当时起，就有一些进步的中医药学家主张吸收西方医学之长以发展中医药学，出现了“中西医汇通学派”，虽然取得一定成绩，但由于受认识水平及社会认同度的限制，收效甚微。中华人民共和国成立以后，党中央及毛主席十分重视中医及西医的结合工作。1954 年将“团结中西医”作为我国卫生工作四大方针之一，列为我国卫生工作的指导思想；1955 年，提出了“西医学习中医”及“系统学习、全面掌握、整理提高”的战略方针。1955 年末 1956 年初，全国先后成立了 6 个西医离职学习中医的学习班。1958 年 10 月 11 日，毛主席对西医离职学习中医班作了重要批示：“中国医药学是一个伟大的宝库，应当努力发掘，加以提高”，要求各省（直辖市、自治区）举办西医离职学习中医的学习班，培养中西医结合的高级医生，及中西医结合的高明理论家。1996 年底，党中央、国务院召开全国卫生工作会议，将“中西医要加强团结，互相学习，取长补短，共同提高，促进中西医结合”写入《中共中央 国务院关于卫生改革与发展的决定》（中发［1997］3 号）。

中西医结合作为我国卫生工作方针及我国医学科学发展的重要内容，是党的中医政策的重要组成部分。但由于存在某些认识上的偏差，对中西医结合医学的发展出现严重的误判。有的人害怕应用现代科学包括现代医学知识和方法传承和发扬中医，会使中医“走样”，会“吃掉中医”，认为中西医结合是“西化中医”、“扭曲的中医”。实际上，科学发展史证明，任何学科都要吸收当代科学成就来发展自己，“科学无国界”，同样“医学无国界”，传统医药与结合医学也不可能例外。中西医结合是在我国既有传统医药学，又有现代医药学的历史条件下客观形成和发展的，是历史发展的必然产物，也是科学发展的必然，是具有鲜明特色的我国医学科学发展产物。中西医结合不会切断中医传统，相反，没有中医传统就无所谓中西医结合了。中西医结合，是中西医交融、互相渗透和补充，客观上继承、发扬了中医药学术，是两种医学体系强强结合的产物；绝不是一方“吃掉”另一方，更不是取而代之。实践中西医结合发展的过程，是中医药学和现代医学发展的过程，中西医结合在我国的全面发展最终有可能在我国创建一个全新的医药学，她的出现又是中华民族对世界科学的巨大贡献。当然，在现阶段，应当本着“百花齐放，百家争鸣”的方针，完全没有必要强求一致，着重努力在继承中创新，在创新中发展，提高疗效，这是最佳的选择。

二、中西医结合医学在社会进步和保障人民卫生事业中的作用

60 年来，我国中西医结合工作者充分地运用现代科学包括现代医学知识和方法，研究中医药学的理论规律和治疗方法，努力开展中西医结合研究，在宏观微观结合、整体局部结合、辨病辩证结合、结构功能结合、综合分析结合、传统现代结合等各个方面，在各个层次上，中西医优势互补，在各自发展的同时，融

汇、交叉、创新了某些医药学理论、原则和防治方法，取得了很大成绩与进展，如中医药扶正疗法与现代肿瘤治疗相结合的中国中西医结合肿瘤医疗模式，活血化瘀方药对缺血性心脑血管病及周围血管病的成效，通里攻下法对腹部外科急症的成效，针刺辅助麻醉和针刺镇痛原理的阐明，中西医结合骨伤科疾病的医疗观念的创新，青蒿素抗疟、砷剂治疗白血病的应用，烧伤、戒毒的中医药研究以及在脏象、气血、八纲等理论研究，中药及复方药效机理的研究，以及实验方法学等的多种创新，在多领域内继承发展了中医药学，并丰富了现代医药学。新世纪到来以后，一场突如其来的“非典”（SARS），使中国面临一场严峻的考验和挑战，但它却为中西医团结合作及中西医结合医学科学的发展带来了新的契机、挑战和机遇。事实证明，中西医结合治疗 SARS 安全有效，能减轻 SARS 患者肺部炎症，稳定患者血氧饱和度，改善临床症状，减少激素用量，研究成果得到 WHO 的很好评价。

中国中西医结合学会最近一项调查显示。目前我国具有一定规模的中西医结合医疗机构 56 个，其中三级甲等医院 14 所。从业人员近 2 万人。其中科技人员占 59. 7%。相对我国 13 亿人口来讲，显然太少。病床数达 10 501 张。在基层，有 70%~80%采用了中西医结合的方法防治疾病。中西医结合医疗模式得到了越来越多民众的认可和信任。在科学研究方面，近 10 年来中西医结合的科研成果总计 305 项，其中“血瘀证和活血化瘀研究”荣获国家科学技术进步奖一等奖，这是新中国成立以来我国在中医、中西医结合领域获得的最高奖项。目前全国有 21 所院校开展了本、专科层次的中西医结合教育，并培养了硕士、博士等高级人才 1000 多名，为我国中西医结合医学的发展提供了人才资源。“中西医结合医学”，作为一门新学科，已正式列入国家技术监督局于 1992 年 11 月 1 日发布、1993 年 1 月 1 日实施的《中华人民共和国国家标准学科分类与代码（GB/T 13745—92)》。“中西医结合医学”代码为 360. 30。这标志着“中西医结合医学”已作为一门独立的学科在我国正式被确立，也是我国中西医结合医学研究取得重大进展的标志。同时，我国的中西医结合研究及其所取得重大成就与进展，也引起了世界各国医学界的重视，很多国家特别是美国、日本、法国、德国、英国等发达国家纷纷成立了中医学院、针灸学院及研究机构和学术团体，创办中医药、针刺疗法及中西医结合学术刊物等，中医药学及中西医结合研究，已逐步进入西方国家医药学术界和一些高层次医疗研究机构，中西医结合研究已开始形成世界潮流。

总之，中国的医学科技工作者（特别是中西医结合工作者）努力开展中西医结合医疗、科研、教学、管理以及学术发展、人才培养、学科建设等方面的探索，无论从中西医结合医疗机构的数量、从业人员的素质、科研成果的数量及水平等方面，都取得了举世瞩目的发展，中西医结合医学在保障我国人民健康和促进社会进步方面，做出了重大的贡献，中西医结合医学已成为我国人民保健事业和医学科学方面的一大优势。但令人遗憾的是，近些年来，中西医结合医学在公众中的认可程度不断提高、医药领域内的巨大贡献与政府主管部门将中西医结合医学的边缘化处理形成巨大的反差，这需要引起国家有关领导的高度重视。政府决策的失误，有可能毁掉我国医学创新、赶超先进国家的机会。

三、中西医结合在中医药发展创新中的作用

历经数千年的临床实践，中医药学中积累了无数先贤大量防病治病的宝贵经验，“是一个伟大的宝库”，也是我国医药创新的重要源泉。半个多世纪的科学实践已经表明，中医药创新离不开科学、适用的方法学以及先进的技术手段。科学技术是中医药创新的基础，现代医学的科研方法在中医药学中有一定的普适性，借鉴现代医学的研究方法可以避免在中医药研究中作无谓的摸索，减少在研究中走弯路，节省大量人力、物力。中西医结合医学在很大的程度上促进了中医药学的进步和发展。“病症结合”的临床诊疗模式就是一个典型的范例，它使中医诊断学和临床治疗学向着更科学、规范的方向迈出了巨大的一步，使中医药学得到了主流医学专家的关注。与此同时，中西医结合医学也丰富了现代医学的内涵，进一步提高了临床治疗效果，如青蒿素治疗疟疾、砷制剂治疗白血病、活血化瘀治疗在临床上应用、针刺镇痛原理认识等方面，皆可佐证。由此可见，中西医结合等学科的交叉、优势互补，是中医药学创新的重要源泉。

中医药的优势在于良好的临床疗效，证明中医药疗法的有效性，才能确定研究的必要性，有限的资源，应当用到最需要的地方去。用现代的语言表述中医药的作用机理，明确其作用靶点，才能使中医药学在医学界、在世界范围内得到更广泛的认可。借用现代医学的表述方式或手段是中医药学得以与现代科技沟通的桥梁与渠道。因此，在目前阶段，任何一个学科很难甚至也无法绕开现代医学或中西医结合医学而单独地与中医药学进行学科交叉，现代医学与中西医结合医学是中医药学与其他学科交叉的桥梁或“位点”。

新药的发现，新产品的发明固然是创新，新技术、新工艺在中医药学中的应用也是创新，但基础理论的发展、思维模式的转变以及诊疗技术的革新，才是中医药学革命性的进步和创新。

四、若干问题和建议

1. 重视中西医结合人才的培养教育工作

学历教育仍然是我国人才培养的主渠道，应当在高等医学院校中设置中西医

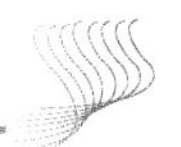

结合系或中西医结合学院，并在大学本科教育中设置中西医结合专业学科，适当增加中西医结合专业研究生（包括硕士研究生和博士研究生）的招生人数，为中西医结合事业提供可用之才。目前仍然活跃在我国中西医结合学术领域的老一辈专家和学术大家，大都是通过西学中和中学西教育培养出来的，作为培养中西医结合人才的重要途径，起到了不容忽视的作用，为我国中西医结合事业做出了不可磨灭的贡献，但他们大多年事已高，后继乏人，被称为“一代完人”。作为学历教育的补充，应当继续组织、开展西学中和中学西教育，为我国的中西医结合事业提供可用之才。特别希望教育部不要一再延误拖延。

2. 落实国家中西医结合政策

随着中西医结合在我国卫生保健中所起的作用日益重要，在《中华人民共和国中医药条例》中就明确指出，要“实行中西医并重的方针，鼓励中西医相互学习、相互补充、共同提高，推动中医、西医两种医学体系的有机结合”。但在相关的政府部门中，却没有专门的机构负责中西医结合方面的管理工作，这种状况极不利于中西医结合事业的发展。建议国家在相关的政府部门中设立专门的机构负责组织、管理、领导和推动中西医结合工作。有关机构的设立可以充分体现国家的医疗政策，体现国家对多元模式发展中医药学的认可，完全符合国家建立和谐社会的要求，真正形成中医、西医和谐发展，中医和中西医结合医学的和谐发展。

3. 加强中西医结合医学知识的普及和宣传工作

目前，由于人们对中西医结合医学不甚了解，出现了一些对中西医结合的不当认识，产生了所谓中西医结合“威胁论”。究其原因，乃是中西医结合医学知识、理念宣传普及的不够足，无法使人对中西医结合与中医药学的关系以及中西医结合医学在我国卫生保健中的作用有比较正确的认识。中西医结合医学的发展，不但需要良好的群众基础，同时，还需要良好的社会氛围。

4. 重视中医学术经验的传承工作

中医药学是中西医结合赖以存在的基础，高水平的中西医结合则有赖于中医药水平的提高，只有确实做好老中医经验的继承、中医药学术包括中医理论和临床经验的传承，才能使中西医结合医学真正成为两种医学的强强结合，并在最大限度上实现优势互补。我国的中医工作者也要自强、自信，充分提高自身的中医药水平，为高水平的中西医结合医学奠定基础。

5. 发挥中西医结合在临床医疗中的优势

中西医结合在临床医疗中的作用不容忽视，在重大疾病的防治、重大卫生问题的解决上，均可见到中西医结合医学发挥的重要作用。中西医结合兼具两种医学体系之长，应当充分发挥中西医结合医学在解决临床问题上的优势，使其能够在重大疾病的防治、重大卫生问题的解决，社区及边远、贫困地区的医疗问题的解决等国家医疗卫生体系中，发挥更大的作用。

6. 搭建国家级的中西医结合医学研究及创新平台

到目前为止，我国仍然没有国家级的中西医结合研究平台，无法组织全国的力量来共同攻克重大研究难题，严重制约了中西医结合研究工作的开展。应当尽快搭建国家级的中西医结合医学研究及创新平台，在有条件的省市和单位应当成立中西医结合研究院，可以实现多元模式、多种途径，继承、研究并发扬光大我国的中医药学，最终达到创建有中国特色的新医药学的目的，这是一件功在千秋、造福子孙后代的工作。

7. 在医学领域切实落实自主创新的国家战略

“中医药学是一个伟大的宝库”，是数千年来我国人民防病治病经验的积累和总结，也是我国医学领域自主创新的重要源泉，充分运用现代科技是实现中医药学自主创新的手段和方法。半个多世纪的实践已经显示，中西医结合是中医药学自主创新的重要途径之一，也是我国医学领域自主创新的重要推动力，通过积极引导，确实发挥中西医结合在实现国家战略中的作用。

8. 修订、完善相关法律，保障医疗工作和中西医结合事业的顺利开展

卫生部《医疗机构诊疗科目名录》以及《关于医师执业注册中执业范围的暂行规定》里，中西医结合成为一个科，而下面则没有了具体的科目。我国虽有中医、西医、中西医结合医三种执业医师，但中西医结合医师却因相关规定里中西医结合医学下面没有具体的科目，而导致实际上中西医结合执业医师哪个科也干不了，成为拥有执照的“非法行医”者。如此规定有可能使中西医结合医学名存实亡。建议有关主管部门应该尽快将《医疗机构诊疗科目名录》和《关于医师执业注册范围的暂行规定》里，中西医结合下的内容应当充实起来，将相应

的二级学科全部列出。另外，还需修订、完善我国与临床医疗有关的法律，为医学探索提供宽松的外部环境，切实降低一些不必要的临床费用，减少国家不必要的医疗开支。相关法律的修订可以增加有关法律的可操作性，充分体现法律的权威性和严肃性。

附件一 国内外结合医学发展调研分析报告

根据国家中医药管理局“结合医学国内外研究现状与发展趋势调研”项目任务书的要求，课题组采用了问卷调查、数据库提取、现场调查及召开座谈会讨论等多种方法，对国内外结合医学发展情况进行了系统的调研。课题组首先根据课题目的设计出不同的问卷调查表，发出问卷调查表计 11 种 2 万余份，收回 12 000多份；同时，对包括 PubMed 和 CHKD 等数据库进行文献数据提取和 Internet 网络搜索，召开了 5 次不同层次的专家座谈会，对采集的数据进行分析，整理成本调研分析报告。

中西医结合医学是我国独创的新兴学科，目前尚缺乏系统长远规划和代表国家意志的具体学术行动措施。因此，开展中西医结合医学发展现状和问题的调研，将有利于我国加强政府引导，提供决策依据，进一步提高中西医结合医学的学术水平，推动我国传统医药学走向现代化，走向世界，并为造福人类做出贡献。

结合医学的概念来自英文 integrative medicine（结合医学），但这个英文术语是来自我国的中西医结合医学（integrative Chinese and western medicine），从替代医学和补充医学概念中发展出来。因此，本调研报告中我国结合医学主要指中西医结合医学，国外的结合医学则包含替代医学和补充医学的现代研究内容。

在我国，对中西医结合医学概念虽有不同看法，但基本观念是一致的。我们认同：“中西医结合医学是综合运用中、西医药学理论与方法，以及中、西医药学互相交叉渗透运用中产生的新理论、新方法，研究人体结构与功能，人体与环境（自然与社会）关系等，探索并解决人类健康、疾病及生命问题的科学。”

补充、替代及结合医学之间的定义存在着大量的混淆。美国国家补充和替代医学中心（NCCAM）把补充和替代医学定义为目前尚未被考虑为主流医学的构成部分的医学实践。代替传统医学的是“alternative medicine”，与传统医学并用就是“complementary medicine”，结合医学就是来自补充、替代、传统医学的概念、评估、实践的密切融合的结果。

（一）国内结合医学发展现状

自西方医学传入中国，与中国传统中医药学相互接触，互为影响，在中医界便产生了中西医“汇通”思想。至19世纪中叶，西方医学更大量进入中国，在中国医学史上形成了“中西医汇通派”。新中国成立后，我国政府制定了继承发展传统中医药学，促进中西医团结合作，学术上取长补短，优势互补，实行中西医结合的方针政策。2003年国家中医药管理局出台了中西医结合工作指导意见，更明确了我国“中西医并重”，“实现中医现代化”和“促进中西医结合”的发展目标。国务院2003年公布了《中华人民共和国中医药条例》，指出要“推动中医、西医两种医学体系的有机结合”。20世纪80~90年代，我国中西医结合医学在临床、科研、教育等方面已经基本形成体系，中西医结合医学作为一门学科在GB/T13745—92中列入，国务院学位委员会及人事部也都有招收研究生及博士后人员目录。同时，随着结合医学研究的深入，藏西医和蒙西医结合工作也越来越得到政府和科技界的重视，并成为我国结合医学的重要内容之一。总之，中国的医学科技工作者（特别是中西医结合工作者）努力开展中西医结合医疗、科研、教学、管理以及学术发展、人才培养、学科建设等方面的探索，并取得举世瞩目的发展，为人民健康和社会发展做出重大贡献，成为中国医学科学的一大优势。

1. 结合医学临床应用广泛，疗效看好

我们的问卷调查结果显示：我国有相当规模的中西医结合医疗机构数56个，其中三级甲等中西医结合医院14家，成为我国重要的中西医结合临床基地。职工总数19 824人。其中，科技人员11 835人，中西医结合人数3172人，正高职称292人，副高职称789人，中级人员1620人，学科带头人197人，博士后5人，博士45人，硕士282人，中西医结合执业医师664人，中西医结合助理医师112人，西医执业医师721人，西医助理医师76人。床位数10 501张，中西医结合病房数1609个，重点学科94个。初步具备一支中西医结合医学临床队伍。另一方面，中西医结合医学在西医和中医等大型综合性医院也得到广泛应用。因此，中西医结合医学的疗效越来越得到患者的认同。据统计，目前在我国基层70%~80%是采用中西医结合方法防治疾病，深得群众的信任。

2. 结合医学基础研究蓬勃开展，有所突破

此次调查了全国23所中西医结合研究所、医院，结果表明这些机构近10年

内取得的中西医结合医学科研成果数总计305项，其中国家级16项，省部级105项，市局级184项。“血瘀证和活血化瘀研究”获得国家科技进步奖一等奖，为新中国成立以来中医、中西医结合医学领域的最高奖项。在研科研项目总数421项。其中，国家级39项，省部级116项，市局级239项，其他27项。从我国CHKD期刊网上检索发现，以“中西医结合治疗”作为篇名的学术研究文章在1994～1995年为2773篇，1996～1997年为3870篇，1998～1999年为4371篇，2000～2001年为5553篇，2002年至2004年10月为7963篇，呈明显的上升趋势。在我国的影响下，国际上也兴起“结合医学”热潮。中西医结合医学也成为中医药学走向世界的桥梁。

3. 结合医学教育渐成体系，持续升温

全国有7所中医药院校开办7年制中西医结合教育，9所医学院校开办本科层次中西医结合教育，5所医学院校开办大专层次中西医结合教育，3所中等专业学校开办中专层次中西医结合教育；有中西医结合博士后流动站3个，中西医结合博士、硕士学位一级学科授权点6个，中西医结合基础博士授权点3个，中西医结合临床硕士授权点9个，中西医结合基础硕士授权点22个，中西医结合临床硕士授权点39个；已培养了中西医结合硕士、博士研究生逾千人。20世纪50年代中期我国创办西医离职学习中医班，培养西学中人才，兴起了西学中的热潮。1955年7月13日，中华医学会总会举办了中医学习班，正式参加学习的西医有261名。截至1966年底，全国西医离职学习中医的已达4500人左右。1978年以来，在全国各地还广泛组织了西学中在职学习班，西学中班越来越受到医务工作者的欢迎。

我国香港大学、香港浸会大学、香港中文大学、澳门科技大学等相继开办了兼读制及全日制中医学位教育，或开办了中医函授或网上教育，教学中注重对现代医学的学习。我国台湾中医药的教育体制是：医学学士—医学硕士—医学博士；教育目标是：弘扬中华传统医学，迎头赶上现代的西洋医学，融合中、西医药学术，创造出中西医一元化的新医学。台湾中医学士教育（8年制），注重中西医一元化人才的培养，在校期间接受的是中西医双轨制教育，教学上倡导并推行整合医学教育。学生毕业后任住院医师期间要接受5年的中西医临床共诊共训强化训练。“中西医共诊共训制度”此乃台湾地区首创，是培养台湾中医药界倡导的“中西医一元化”人才的重要举措。

4. 结合医学学术交流渠道畅通，热度不减

中国中西医结合学会每年在国内都举办35次以上的结合医学学术会议，

1997 年和 2002 年分别举办了 2 次世界结合医学大会，同时我国有《中国中西医结合杂志》（中、英文两种版本，内容不相同）、《中国中西医结合急救杂志》、《中国中西医结合耳鼻咽喉科杂志》、《中国中西医结合脾胃杂志》、《中国中西医结合肝病杂志》、《中国中西医结合肾病杂志》及《中西医结合心脑血管病杂志》等 15 种中西医结合医学杂志，发表的论文涵盖中西医结合临床、科研工作，为我国中西医结合医学学术交流提供了通畅的平台。其中《中国中西医结合杂志》是中西医结合系列刊物中创办最早的期刊，经过 20 多年的积累，在国内学术界影响较大，在《中文核心期刊要目总览》（2000 年版）收录的中国医学核心期刊表中排名第一。

（二）国外结合医学发展概况

1951 年开始，结合医学可以在 PubMed 数据库中检索到。但当时结合医学（专指上述两个单词）的概念是：从教学角度将不同学科的内容结合起来教学或者培训，也有是将外科与内科的诊疗技术结合起来进行治疗，不涉及两种医学理论的结合。只有到 1982 年《中医杂志》和 1984 年《中国中西医结合杂志》通过国际 PubMed 数据库正式提出两种医学模式的结合。

1. 强调结合医学的应用价值

结合医学的发展是随着替代医学在国外的普及而发展的。调查显示，在科技发达国家和地区每年有 20%~65% 的患者接受过补充和替代疗法（CAM），包括看访补充和替代疗法的医生或在家中采用补充和替代医学的自我疗法。CAM 及结合医学广泛地运用于临床各科。结合医学的著名医院美国初步统计有 35 家。在英国、德国、荷兰、日本、马来西亚、菲律宾、韩国、新加坡等国家，结合医学都能在医院得到广泛的应用。由此可见，临床运用类型的广泛，以及人们对临床疗效的认可，使得结合医学在卫生保健系统的各个领域得到运用。

2. 积极开展结合医学的科学研究

美国在一些著名的学府成立替代医学研究中心。目前已分别在哈佛大学、斯坦福大学、加利福尼亚大学、哥伦比亚大学、马里兰大学、弗吉尼亚大学、得克萨斯大学、密歇根大学、艾奥瓦大学和堪萨斯大学等成立了 12 个国家补充替代医学研究中心，平均每个中心 3 年期间大约可获 85 万美元资助。同时，国家资助结合医学的国际合作项目。中国中医研究院和北京大学作为合作方都承担了美

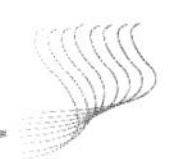

国替代和补充医学中心（NCCAM）国际合作项目。在日本，有 44 所公立或私立的药科大学或医科大学建立了专门的生药研究部门，20 余所综合性大学设有汉方医学研究组织，均有现代化的设备、水平较高的科研人员及丰厚的科研经费。英国补充医学研究委员会正在进行一项为期三年的政府资助项目旨在总结国民医疗服务制度的四个主要疾病的概况。

从 PubMed 数据库检索，涉及（题目或摘要中）integrative medicine 的文章有 383 篇，其中最早的在 1951 年。1950～1970 年有 5 篇，1971～1980 年有 6 篇，1981～1989 年有 20 篇，1990～1999 年有 101 篇，2000 年至今有 251 篇；涉及（题目或摘要中）integrated medicine 的文章共计有 1803 篇，其中最早的也在 1951 年，多数文章发表在 20 世纪 80 年代后，说明结合医学科研研究发展的良好趋势。目前有 5 种专门的结合医学杂志（*Integrative Medicine*，*International Journal of Integrative Medicine*，*Journal of Cancer Integrative Medicine*，*Integrative Cancer Therapies*，*Journal of Cancer Integrative Medicine*）在世界范围内发行。世界权威部门 Thomson ISI（SCI）已经收录了三种专门针对替代医学、结合医学的杂志：*Alternative Therapies in Health and Medicine*、*Journal of Alternative and Complementary Medicine*、*American Journal of Chinese Medicine*。美国最权威的医学期刊 *JAMA*（《美国医学会杂志》）数年来就结合医学向全球征文，并且在 1998 年第四季度出了特别版。以结合医学为主题的学术会议在英国牛津大学、美国哈佛大学召开数次，结合医学学术讨论登上了国际高等学府的学术讲坛。中西医结合医学应当被看成是新世纪医学发展的潮流。

3. 公众对结合医学认可和政府对结合医学发展的重视

不同的国家和地区对补充和替代医学的接受程度不同，德国人对补充和替代医学的接受程度最高，达到 65%，美国 42%，而英国只有 20%。估计 6000 万美国人使用 CAM，但 70% 的不告诉他们的医生他们使用了 CAM。大部分学生面对 CAM 都认识到大部分美国公众正在使用 CAM，并相信 CAM 的干预是有用的。日本公众在保健、医疗方面，对汉方医药持信任态度的已占大多数。据 1999 年英国官方数字，英国有 3000 多名中医执业医生。1992 年，美国国会受权美国国家卫生研究院，成立了替代医学办公室，之后又于 1998 年美国国会将其升级为国家替代医学中心（NCCAM）。该中心的任务是提供各种基金支持补充和替代医学的基础和应用研究并对各界提供有关补充和替代医学的科学资讯。NCCAM 也资助研究人员的培训、补充和替代医学项目的评估。1993 年时，美国国家替代医学中心的预算为 200 万美元，1999 年增到 4900 万美元，2002 年约为 1 亿美元，而 2004 年则高达 1.3 亿美元。NCCAM 的发展过程反映了政府，乃至主流医学界对补充和替代医学的逐渐重视。

此外，在各国也相继成立了结合医学协会。如在美国，涉及替代医学和补充医学的学会有 60 余家，也有美国的结合医学联盟 Integrative Medical Alliance (IMA)、印度的世界结合医学学会，以及我国香港和台湾地区的香港结合医学学会、台湾结合医学学会等专门结合医学学会机构。

总之，随着公众对结合医学的认可和政府对结合医学的重视，使得结合医学快速发展有了可靠的条件。

4. 重视结合医学教育和学术交流信息平台建设

从第一所在美中医院校建立以来，全美约 80% 的医学生要求在校期间学习替代医学，替代医学正在渗入现代医学和现代医学教育领域，并正在逐渐进入教科书。目前，在美国已有 60 多所中医院校，其中半数以上被政府承认。旧金山加州大学还于 1985 年就正式成立了全美第一个中医学系，开展正规系统的中医教育。可授予中医硕士学位的教学机构有 4 家，可授予针灸硕士学位有 7 家。英国有爱克塞特大学等 4 所大学办有 5 年制中医系。澳大利亚 RMIT 大学也有中医系教育。结合医学课程内容广泛、类型多样。教育采取的形式有讲授、开业医师演讲或示范以及病人陈述等。美国 1997 ~1998 年对 125 所医学院校调查表明，在反馈的 117 所院校中有 75 所开设了不同程度的替代医学课程，但仅仅是介绍性的，且大多是作为选修课或必修课的一部分。在 1998 年，125 所对抗疗法医学院校中最少 60% 的学校把 CAM 作为必修或选修课。美国结合医学健康中心学术联盟（CAHCIM）教育工作组在 2002 ~2003 年为医药学校逐步提出一系列结合医学课程指导方针，该方针 2003 年 5 月由 CAHCIM 筹划指导委员会签署。CAHCIM 是 23 个学术健康中心的联盟，其在共同工作有助于通过严格的科学研究、临床保健的新模式、创新的教育规划来改造卫生保健。近年来日本多数的医科大学中设置了传统医学临床研究部门。在德国除正规医学教育外，有专门为西医专业开设的中医班，一般有 100 学时。

近年来国外十分重视对 CAM 的信息等方面资料的收集、整理工作。Palinkas 等组织了用于包含替代医学各方面重要信息的国际数据库——“补充和替代医学数字图书馆”（CAmed），随后，9 个国际数据库的代表加入这个国际数据库。Cochrane 电子图书馆（CLIB）目前拥有超过 80 个 CAM 相关的全文的系统的评论和大约 5000 个 CAM 相关的临床实验，这使得 CLIB 成为寻求 CAM 证据的人们查找相关资料的宝贵资源。PubMed 中也收录了大量传统医学现代研究、结合医学相关研究文献。

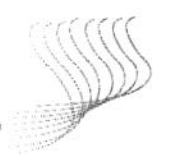

（三）结合医学发展面临的问题

中西医结合医学在中国的发展已经有50多年的历史，并得到了长足的发展，但与结合医学本身的发展需求、国外结合医学研究的资助强度和研究深度相比，我国结合医学发展任务仍十分艰巨，面临着诸多问题。

1. 人才缺乏

此次调查了全国56家中西医结合医院的情况，结果显示这56家中西医结合医院中有正高职称的只有294人，只相当于5.25人/家，中西医结合医师注册的人数更少，与社会需要量大形成鲜明的反差。调查发现占40%的人认为结合医学“缺乏人力资源”。许多中西医结合医学专业的研究生出国，人才流失严重。

2. 世界顶级结合医学科研成果缺乏

虽然中西医结合取得了世界公认的科研成绩，但随着结合医学研究在全世界的升温，我国在国际认可的国际一流杂志公开发表的中西医结合医学研究成果数量显得相对较少，与国际知名结合医学科研机构合作不多，利用中西医结合方法开展的中药研究也没有为开发者在世界医药产业中创造巨大利润。

3. 政府相关部门落实贯彻政策不力

我国虽然制定了较完善的中西医结合医学发展的相关政策，但有关部门贯彻落实这些政策的执行力度不足。调查中约占53.40%的人认为政府对结合医学的支持力度不够，51.32%的人认为“缺乏经费支持”。由政府组织的中西医结合专业人员晋升职称，由于评委对中西医结合专业的认识不同（当地组织的评委不是中医就是西医），使“西学中”人员与相等学历的中医或西医低一个职称档次。

（四）结合医学发展面临的机遇

2004年中西医结合医学研究成果“血瘀证与活血化瘀研究”获国家科技进步奖一等奖，近年来国际高等学术期刊（如 *The Lancet*，*New England Journal of Medicine*）发表结合医学的研究成果，预示着结合医学发展正面临良好的机遇。

1. 国家政策给予足够的重视

《中华人民共和国中医药条例》已经2003年4月2日国务院第3次常务会议通过，并于2003年10月1日起执行。《中华人民共和国中医药条例》强调“实行中西医并重的方针，鼓励中西医相互学习、相互补充、共同提高，推动中医、西医两种医学体系的有机结合”。2003年11月5日，国家中医药管理局印发《关于进一步加强中西医结合工作的指导意见》的通知。这些政策的制定和实施，给中西医结合医学的发展提供了坚强的政策保障。

2. 公众对结合医学的广泛认同

调查中发现98%的医务工作者认为中西医结合医学符合社会需要，中医和西医应该互相促进，并对中西医结合的发展前景充满信心。56.4%的患者喜欢中西医结合医生，58%的病人喜欢中西医结合医院，73.8%的病人认为中西医结合疗法治疗效果好。民意调查也显示，71%的公众喜欢中西医结合医学治疗方法，喜欢中西医结合医生。说明广大医务工作者、患者和人民群众信任中西医结合医学，中西医结合是患者的社会需求，也是医务人员的愿望。

3. 众多科研机构的广泛参与

调查发现，除中西医结合科研、教学、临床机构外，我国大多数中医药科研、教学机构和部分西医研究机构都积极参加中西医结合医学研究工作，同时，包括北京大学、清华大学在内的许多综合性大学也加入结合医学研究队伍。据统计，在国家自然科学基金中医中药（含中西医结合医学基础和临床）学科每年的中标项目承担单位中，西医研究单位和综合性大学占40%~55%。

4. 国外结合医学研究活跃

美国、英国等科技发达国家从单纯重视传统医学的临床应用转变到探索现代医学和现代科技与传统医学的结合，广泛深入开展结合医学的研究，每年都举办结合医学研究相关的学术会议，并在国际著名杂志发表较多的高水平学术论文；从SCI收录杂志发表的结合医学研究论文数量来看，近几年呈明显的上升趋势，为我国结合医学发展提供了借鉴。

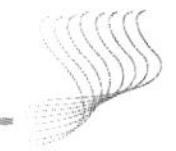

5. 已经具备一定的结合医学快速发展的基础

经过几代人的努力，我国中西医结合医学研究取得了许多成绩，为我国人民健康事业做出贡献。同时，中西医结合医学事业的不断进展带动了中药事业的腾飞与发展；培养造就出一批中西医结合专家，各学科领域形成了学术和技术带头人，为我国中西医结合医学的持续发展提供了科研基础和高水平人才队伍。

（五）结合医学发展的对策

结合医学发展已经代表了一种生物医学发展潮流，它立足于传统医学，起源于中国的中西医结合医学。在我国取得成果的同时，发达国家加大投入，使结合医学取得快速发展。为了充分利用我国传统医学的优势，继续保持我国在结合医学的主导地位，我们认为应该采取如下对策。

1）加强政府部门的领导和支持，提高结合医学发展政策的执行能力，制定结合医学发展的具体规划：应该组成专门的结合医学管理机构或组织，加强结合医学相关政策的落实，组织多学科人才制定结合医学的发展规划，并指导实施。

2）加强人才培养，充实结合医学人才培养基地和创建吸引结合医学研究人才机制，扩大结合医学学历教育和继续教育，建议在条件较好的高等医学院校成立中西医结合学院，形成专门机构和队伍负责结合医学医师的注册、结合医学专业职称的评定工作，鼓励多学科人才加入结合医学研究队伍。

3）加强资助力度，鼓励结合医学原始创新研究和促进结合医学学术交流平台建设。在我国中西医结合医学研究成果的基础上，加大资助力度，鼓励结合医学研究的原始创新，造就一批国际公认的高水平结合医学研究成果；支持我国结合医学学术交流平台建设，举办国际高水平结合医学研究学术交流会；支持创办国际高水平（首先是SCI收录）结合医学杂志。

当前我国结合医学研究成果的影响力在国际上仍属于领先地位，但受到了科技发达国家结合医学研究极大的挑战，SCI收录杂志、综合性国际著名杂志上我国的学术论文并不占领先地位。因此在利用我国中西医结合医学研究成果的基础上，抓住发展机遇，加强政府引导，是继续保持我国结合医学领先地位的重要任务。

（中国中西医结合学会）

附件二　中医现代化不能替代中西医结合

中医和中西医结合是我国医学的优势。从毛主席开始，党中央、国务院历来十分重视中医和中西医结合事业，制定了中医政策和中西医结合方针。《中共中央、国务院关于卫生改革和发展的决定》明确指出："中西医要加强团结，互相学习，取长补短，共同提高，促进中西医结合。"在2001年颁布实施的《中华人民共和国国民经济和社会发展的第十个五年计划纲要》中再次明确提出了"大力发展中医药，促进中西医结合"。温家宝总理于2005年3月21日又亲笔批示"实行中西医结合，发展传统医药学"。总理的批示同党中央、国务院的一贯政策一脉相承，高瞻远瞩的向全国再次强调"实行中西医结合"，它根据科学发展规律，针对我国实际及现实情况，为"发展传统医药学"指出了正确的方向。发展传统医药学不仅仅是中医药学，还包括民族医药以及民间疗法等。国务院给国家中医药管理局的任务是主管中医、中西医结合、民族医药。这三者同等重要，应一视同仁，若厚此薄彼，显然不利于我国卫生事业的发展，应该说是失职。

一个时期，有人企图以中医现代化来替代中西医结合。中医现代化的概念和内涵是什么？原卫生部部长张文康说："中医药要实现现代化必须充分吸收现代的科学技术和文化成果，不断在理论和实践上有所创新，有所突破。"原国家中医药管理局副局长李振吉说："中医现代化的概念是个学术问题，政府不宜下结论。但是有思路，这个思路就是：中医药现代化既是一个目标，又是一个过程，是一个吸收现代科学技术丰富发展中医药的过程。"两位官员都认为中医药现代化是要吸收现代科学技术丰富发展中医药。然而都避而不谈现代科学技术包含哪些内容？特别是中医现代化与现代医学（西医）是什么关系？现代科学包括现代医学，这是不容置疑的。现代医学所以能迅速发展而成为当今的主流医学，其根本原因就于它及时充分利用现代科学的最新成就来为自身的发展服务，可以说现代医学是现代科学在医学领域内的体现。很显然，强调中医药现代化，如果只强调充分利用现代科学技术而不敢公开说将现代医学包含在内，只是纸上谈兵，自欺欺人。

中医、西医都是为人类防病治病的科学，是实践性很强、人命关天的学科，不是靠玩文字游戏可以解决问题的。

首先是疾病预防：对突发疾病的应急能力。这只靠中医药现代化，不采取中西医结合措施行吗？救灾医疗队中医药人员很少参加，为什么？"非典"流行时，板蓝根冲剂固然脱销，但最终的预防措施，还是中西医结合。佘靖副部长最近提出要"形成一些中西医结合特色突出的传染病医院"，这是符合我国实际的

决策。如果说“形成一些中医现代化特色突出的传染病医院”将如何建立，如何运作，难以想象。

其次是疾病诊断：中医的特点是在中医理论指导下的辨证论治，然而，在中、西医并存，而且西医已成为当今世界的主流医学，中医看病，除了辨证之外，还用不用西医的诊断？离开了西医的诊断，只是中医辨证，中医医院还能否存在？为此，中西医结合主张辨证与辨病相结合，将两者在诊断上的特点和优势相结合，更有利于病人。慢性胃炎和胃癌中医辨证都可归属胃脘痛，对胃癌只诊断为胃脘痛，延误诊治，将是草菅人命。有人呼吁只要符合中医辨证，不管西医的诊断，病人死了，不能算医疗事故。此种人医德、良心何在？法律能容吗？

不错，对于医院内的所有现代化医疗设备，中西医都可以用，并非西医的专利。然而，对于使用这些设备进行检查的结果，用什么理论去解释，去诊断？可以说，离开西医理论，寸步难行。例如，X 射线发现肺部有一片密度很高的阴影，你是诊断它为炎症、结核、肿瘤，还是只诊断为痰热阻肺？患者能接受吗？

最后是治疗：按照中医辨证理论治，可以治疗许多病，而且中医治疗有些病疗效显著，这是事实。但也有些病单用中医治疗效果差或无效。为此，中西医结合为中医药施展其特色和优势提供了用武之地。中西医结合治疗“非典”取得了显著的疗效，并得到 WHO 的认可；中西医结合治疗刘海若创下的奇迹，便是例证。治疗这些危重的病症，单靠中医是难以胜任的，而采用中西医结合，中医就有了用武之地。如果说这些显著疗效的成果是中医药现代化的结果，显然与事实不符。

医院是治病救人的场所，既然开医院，就什么病都应该治，而且应该千方百计的治好，这才符合广大人民的利益。中医医院应当发挥中医特长和优势，尽力用中医药治好病人，“能中不西”是理所当然的，前提是治好病，但是中医医院总会遇到用中医疗法治疗效果不满意或无效的患者，为病人着想，以人为本，采用中西医结合治疗或单纯西医治疗，有什么可非议的。另一方面，中医医院为了自身的生存，也得走中西医结合之路。我希望有哪位贤人高手，自告奋勇，开设一个完全用中医药治病的医院，以示后人。如果成功，那将功德无限。

综上所述，从防病治病的方方面面分析，可以设想，如果中医医院不用西医的诊断，不用西医的疗效标准，其结果不仅与西医，就是与群众也无共同语言，只会变成孤家寡人，与世隔绝，发展中医从何谈起。中医现代化写文章议论议论可以，因为不会死人，但中医药现代化如果不与现代医学相结合，如何实施，请多赐教。

有人患了“恐西症”，其主要表现是说中西医结合会消灭中医，使中医变样了，以及中医医院西化了等。为此，企图以中医药现代化来替代中西医结合。最典型的论点是：“结合一点，消灭一点。全部结合，全部消灭。”

实现中西医结合，要取两种医学之长，优势互补，从理论与实践都要逐步融会贯通，创立新的结合医学。在多学科并存的时代，不同学科之间互相渗透是必然的，企图将某个学科封闭起来是不可能的。所以中医药的发展企图绕开中西医结合之路，在当今是难以实现的。核素的出现，就产生了核医学，超声波技术问世，就出现了超声医学。我国中西医并存，两者相互渗透，相互结合，产生中西医结合医学也是必然的，这是科学发展的规律，是不以人的意志为转移的。著名物理学家杨振宁教授语重心长的指出："如果中医药以后还按照它自己的理论体系走下去，那么就不会有发展，没有前途！"良药苦口，忠言逆耳，冷静思考，不要骂娘。

实践是检验真理的唯一标准。生物学与化学相结合，产生了生物化学，但生物学与化学并没有因为生物化学的产生而被消灭。实践证明，中西医结合不仅没有消灭中医，而是促进了中医药学的发展，并且丰富了现代医学的内容。我国中西医结合取得的显著成就，举世瞩目。被世界公认的成就：青蒿素治疟，砒剂治白血病，针刺疗法的疗效及镇痛机理的研究等，都是中西医结合的成果。1997年美国国立卫生研究院（NIH）召开针灸疗法听证会，邀请我国三位中西医结合专家出席，用他们中西医结合研究成果，以充足的科学依据，阐明了针灸疗法的确切疗效，在会上引起了强烈反响，最后NIH发表了"针灸疗效安全有效可以应用的总结报告"，并建议把针灸纳入美国医疗保险。德国魁茨汀中医医院的建立，为中医药走向西方世界发挥了积极作用。

中医药要发展，是大家的共识。要发展，就得创新，就不要怕变。中医药的发展历来是开放的，随着时代的发展，它从理论到实践都在发展，在创新，在变。从伤寒论的六经辨证发展为温病的卫气营血辨证就是一个明显的例证。卫气营血辨证理论的创新，如果站在六经辨证的角度来看，那卫气营血辨证显然是走样了，是变了。创新是推陈出新的过程。创新必然将对陈旧、落后的东西淘汰，就得变。一成不变的东西不是自然科学，而是文物。要创新就得变，今后可能出现"基因辨证"的新理论，我坚信它是在继承的基础上中西医结合创新的新理论。循证医学的出现，使现代医学不断去粗取精，去假存真，不断提高和发展。然而又有人惧怕循证医学的应用将否定中医药的疗效。真金不怕火炼，劣的、假的被否定了又有什么不好呢！对人有利的事，好得很。

忆往昔，看今朝，学习温总理的指示，倍感亲切，几十年的实践证明"实行中西医结合"是"发展传统医药学"的正确道路。大势所趋，世界医学已经出现了结合医学的曙光。中医药现代化替代不了中西医结合。认真学习，深刻领会，贯彻落实，坚决执行总理的指示，必将推动中西医结合医学与传统医学沿着正确方向快速发展。

（廖家桢）

附件三　病症结合的临床研究是中西医结合研究的重要模式

我国的中西医结合工作已经经历了半个多世纪的发展过程，产生了许多重大的研究成果，为我国传统医学走向世界做出了不可磨灭的贡献，同时也为我国乃至世界范围内医学的进步和发展起到了推动作用。尽管如此，目前中西医两种医学的结合总体上仍然处于一个较为初级的阶段，大多数的中西医结合仍处于相对较低层次的结合。但是，近些年来，逐渐被越来越多中医、中西医结合学者认同的病症结合的临床诊疗和临床研究模式则是较为成熟的中西医结合模式，是高层次中西医结合的具体体现。

（一）中医、中西医结合临床是一切研究的基础

中医、中西医结合研究在很大的程度上是用现代科学技术手段对中医诊疗过程中临床现象的科学揭示。尽管相关研究已经进行了近半个世纪，但是由于科学手段及研究方法的局限，在中医及中西医结合领域中，仍有许多现象无法从科学层面得以揭示，诸多问题仍需要展开更深入地研究。但是，受研究经费的限制、现代科学技术条件的制约以及人员知识结构和研究人员数量上的局限，我们无法，同时，也不可能对中医及中西医结合领域的所有问题展开全面的研究。鉴于当前的客观状况，我们应当本着“有所为，有所不为”的原则，把好钢用到刀刃上，将十分有限的资源用到最需要的领域中去。如此，就要求我们能够准确地找到中医及中西医结合研究的切入点。

中医及中西医结合的经验、知识主要源于临床的实践中，并一直沿用至今。由于临床疗效的产生极为复杂，只有在科学层面上证明该干预措施有效，才是我们对其开展研究，揭示该干预措施疗效机理的根据。否则，在实验室中对单味中药或中药复方进行的研究，充其量只是对相关药物和复方活性成分展开的研究，而很难说是针对临床作用的有效成分展开的研究，如此，所进行的研究就不是基于中医药数千年临床经验基础上的。因此，我们不难发现，用科学方法评价临床干预措施有效性、安全性的相关研究应当是中医及中西医结合临床研究的重中之重。也只有如此，才能提高中医临床疗效的可重复性，真正地使中医的临床疗效可以得到比较好的重复。中西医结合的根本目的也是在于最大限度地提高临床治疗效果，促进人民身体健康。

辨证施治是中医治疗学的精华所在。提到中医与中西医结合的临床疗效评价，还有一个任何人都无法回避的问题，那就是中医的“证候”。证候是中医基

础理论的核心，是由人的生理功能、病理变化、心理状态和外界环境影响等多方面因素相互作用的结果，在宏观上表现为特定的症状、体征（舌象、脉象等）的有机结合，是对临床现象的概括和总结，也是连接中医基础与临床间的重要桥梁，不同的临床证候应当有其特定的物质基础。揭示中医证候本质的过程就是科学阐述中医学的重要过程，与中医诊断、治疗过程密不可分。中医证候客观化、标准化及证候本质的研究是实现中医药科学化、现代化的必由之路，中医证候标准化、客观化在中医、中西医结合临床疗效评定上所起的作用也是不容忽视的。规范的临床研究使得应用科学方法评价临床疗效成为可能，病症结合的临床研究是评价中医临床疗效的重要方法。

二、病症结合是历史发展的必然

中医药发展至今，至少已有 2000 年以上的历史，现今我们对有关中医药学现象的描述，仍然主要采用数百年前，甚至数千年前形成的语言、词汇来表述。但是，在科学昌明的今天或明日，如果我们仍然坚持采用两千年前的语言来表述中医的内涵，也可能在不远的将来，不但外国人无法理解中医药学的基本理论，就连从事其他领域工作的中国人都无法完全明白中医药学所云为何。

作为一个具有生命力的学科，中医药学应当随着科学技术的进步和发展，不断地超越自我，对其内涵进行丰富和充实，实现自我完善。也只有如此与时俱进，才能体现中医药学的生命力所在。中医药学在历史的发展过程中已经充分显示出了上述特点，否则也不可能是仅存于世、较为完整的传统医学体系。在现今更是如此，逆水行舟不进则退，故步自封，拒绝进步，拒绝发展就有可能从科技领域中淘汰出局。

近年来，为了进一步规范医疗行为，使广大医务工作者能够更好地为人民服务，国家出台了一系列相关的法律、法规，对从业人员有了更高的要求，医疗纠纷“举证倒置”就是其中较为重要的一点。单纯根据中医的诊断和辨证来诊疗疾病就显得不够了。我们知道，中医多根据病人的主症来命名疾病（中医），不同疾病（现代医学）的中医病名和辨证可以完全相同，而同一种疾病（现代医学）的中医病名和辨证也可以完全不同。坦诚地说，许多中医疾病和辨证与预后并无太多直接的关系。如中医的胃脘痛（或上腹部不适），它可能包括了现代医学的急、慢性胃炎，胃痉挛，消化道溃疡，胃癌，冠心病，甚至肝癌等疾病，稍有医学知识的人都不难发现，上述疾病的预后是完全不同的，它们之间没有任何可比性，有些疾病并不需要经过特殊治疗，症状即可缓解，而像肝癌等病，一旦延误诊断，患者就有生命之虞；再比如，中医的血尿可能是现代医学的泌尿系统感染，尿路结石或膀胱癌等疾病，其预后当然也是截然不同的。同样，肝胃不

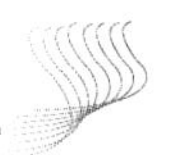

和，也可以是不同疾病（现代医学）的一组类似的临床表现，其预后也是完全不同的。从现代医学的角度来看，不同的疾病有不同的发展过程和截然不同的临床预后，这点大家也是比较清楚的。因此，单从中医诊断和辨证来举证，输掉官司恐怕是注定的事了。

另外，随着生活水平的不断提高，公众的健康意识不断增强，人们对自身健康状况也有了更高的预期，时至科学如此昌明的今日，依然使用一些无法定性、量化的中医概念去解释、说明人的健康状况恐怕已经难以令人满意。可能正是这些模棱两可的说法才给那些打着中医幌子招摇撞骗的人提供了机会，同样，由于上述原因而比较容易入手，它也成为那些以此为生的骗子屡禁不止、屡打不绝的重要原因之一。中西医结合一方面体现了我国数千年的文化积淀，很好地体现了中医的特色和优势，另一方面，又能采用现代医学的最新研究成果，客观准确地反映人们的身体状况，减少了诊疗过程中的模糊地带，更好地满足了人民的健康需求，已经成为目前最佳的临床诊疗模式。

另外，《中华人民共和国中医药条例》明确指出："国家保护、扶持、发展中医药事业，实行中西医并重的方针，鼓励中西医相互学习、相互补充、共同提高，推动中医、西医两种医学体系的有机结合，全面发展我国中医药事业。"从中不难看出，中西医两种医学的有机结合，也是发展我国中医药学的重要手段和途径。而病症结合的临床诊疗和研究模式就是中西医两种医学体系有机结合的具体体现，因此，也得到广大中医及中西医结合工作者的普遍认可，并在临床诊疗和研究中得以广泛应用。

（三）病症结合是对中医药学的发展

中医药学在数千年的历史过程中为中华民族的繁衍昌盛起到了不可磨灭的贡献，它防病、治病的技术和方法至今仍在服务人民，服务社会。但是，由于中医药学在临床治疗上过于强调治疗的个体化，从而导致中医证候演变规律比较难以把握，中医临床疗效在很大程度上难以重复，这也就是成为人们质疑中医药学科学性的主要原因之一。近50年来，通过运用包括现代医学在内的现代科学技术手段和方法研究中医药学，涌现出一批对现代医学和人民健康有着巨大影响科研成果，它们一方面在一定程度上丰富了现代医学的内涵，促进了现代医学的发展，如青蒿素及青蒿琥酯复方治疗耐药恶性疟疾，中药砒霜（As_2O_3）治疗急性早幼粒细胞性白血病等，另一方面明确了中医药的作用靶点，揭示了中医药的治病机理，进而提高了中医药的临床治疗效果，提高了中医药临床疗效的可重复性，有关成果已经得到世界范围的认可，是中医药学的巨大进步和发展。

中医在长期的临床诊疗实践中，一直非常重视辨证的作用，非常重视证在疾病发生、发展中的作用。诚然，辨证论治的积极意义是任何人都无法否认的，它把中医的诊疗指向了病人，而非简单地针对疾病，体现了高度个体化的诊疗过程，是“以人为本”临床诊疗思想的具体体现。而中西医结合的病症结合使得中医在重视证的同时给予疾病以足够的重视，重视疾病对患病人体的影响，尤其是，重视疾病作为共性问题对人体的影响，提倡在临床治疗中将辨证与辨病有机地结合在一起，是对中医药学的发展。例如，在高血压病人的治疗上，以往，中医比较重视患者证及症方面的改善，有时却因为并非从疾病的角度评价疗效，忽略了降血压的问题；而西医会则把治疗的重点放在降血压上，部分病人尽管血压已降至正常范围，但相关症状仍无法改善，影响患者的正常工作与生活。如果将西医和中医两者结合起来，发挥各自所长，在降低较高水平血压的同时兼顾其伴随症状，也就是用病症结合的方法治疗病患，使血压降至正常范围，而伴随症状也得以缓解，疗效就可以提高，患者的生命质量得以改善，当然，也更容易被广大的患者所接受。病症结合的诊疗模式已经成为当前中医临床诊疗和研究的最重要模式之一。病症结合的诊疗思想是中西医结合的产物，使中医临床疗效得以提高，从上述的事例中，我们不难看出，明确的作用机理、确定的作用靶点和病症结合的治疗思想使中医临床疗效的可重复性得以提高，使病患的生命质量得以改善，是对医学的巨大贡献，更是对中医药学的发展。

临床诊断的目的在于确定疾病的性质，把握疾病发生、发展及其演变规律，为临床治疗提供依据。传统中医的诊疗方法比较重视患者的临床表现，重视患者自身的感受，但对疾病的发展规律缺乏足够的了解。病症结合的临床诊断方法，对中医证候的外延有了更明确、科学的界定，使得中医辨证不但能够准确把握患者特定的临床表现，而且，更能体现中医证候自身的演变规律，并在疾病范围的限定下，使之演变规律更加清晰，同时，还可以用疾病的演变这条主线将不同阶段的中医证候贯穿起来，突出了不同疾病阶段的中医证候特点，使之更加易于把握。中西医结合的病症结合诊疗思想在临床上的广泛应用是对中医诊断学发展，同时，也对中医药学发展的巨大贡献。

（四）病症结合是中西医有机结合的范例

首先，中、西两种医学都是研究人类生命过程的科学，都是以防治人类罹患疾病和促进人类健康为目的。中医学和西医学是在不同时代和文化背景下形成和发展的，它们分别从不同的角度，用不同的方式、方法研究、探索人类生命活动的客观规律，其中，中医药学比较强调宏观和整体，西医则比较注重微观和局部，两种医学间具有很强的互补性，存在着优势互补的可能。因此，尽管中西医分别是两种完全不同的医学体系，有着各自不同的特点，但大量医学实践已经证

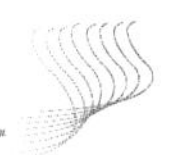

明，两种医学的有机结合可以更好地提高临床的治疗效果，更好地服务人民，可以最大限度地推动医学的进步和发展，促进人们的身体健康。

从目前来看，中西医之间有着几个不同层面的结合，依次为中西医间的相互理解、相互信任及中西医间的团结合作；中西医诊疗技术的并用、中西药的配伍应用及中西医理论的相互印证；中西医间的取长补短、优势互补、强强结合，形成一种有机的结合，最终融合产生一种新医药学。当然，新医药学的产生不可能一蹴而就，它需要经过一个漫长的过程，甚至需要几代中西医结合工作者的不懈能力。

随着现代科学技术的不断进步和发展，人们对生命、健康及疾病的认识日益加深。目前，我们已经基本了解了大多数疾病的病因、病理、发生、发展及其预后、转归的一般规律，疾病的诊断是对上述疾病性质的确定和疾病规律的客观反映，也是对患同一类疾病患者共性规律的高度概括，但是，在临床上，不同的患者虽罹患同一种疾病，但由于性别、年龄、体质以及内、外环境等方面的不同，临床表现可以有所差异，由此也导致中医辨证的不同。临床辨证则是对患病个体个性特征的充分体现，也是对患病个体某个阶段、时期特定临床症状、体征的高度归纳，也是对疾病个体间差异的高度总结，同一疾病在不同的患者身上可以表现为不同的中医证候类型，当然也会导致治疗上的差异，两者的有机结合才能准确反映疾病及患者的状态，才能为医者提供预测疾病预后和正确评判疗效的可能。我们不妨以冠状动脉粥样硬化性心脏病为例说明上述问题，从目前来看，冠心病主要是因为冠状动脉粥样硬化导致局部动脉狭窄，影响了相应供血区的心肌供血，而出现的一系列临床问题。就以心肌缺血而致的心绞痛而言，血脉不畅、脉络闭阻是这类患者共同的中医病机，反映了冠心病心绞痛的共性特征，在此基础上，中医还可以根据病人情况的不同，分别辨为寒凝、火郁、痰阻、肝郁、血瘀、气阴两虚、阳气不足、阴虚等证型，其中，遇寒则犯者多为寒凝；内热甚者多为火郁；嗜食肥甘厚味属痰者居多，发病与情绪相关者多为肝郁；病久者则以血瘀为多；疲劳过度则可见气阴两虚；年老体弱则以虚证多见，而且，两种及两种以上证型同时兼见也不在少数。因此可以说，上述证型均是基于心绞痛的不同证型，现代医学的心绞痛与病人的血脉不畅、脉络闭阻是这类病人的共同特征，不同证型体现了不同病患的个性特征，临床治疗只有考虑到上述两方面的问题，才有可能收到满意的临床疗效。但是，一旦缺乏冠心病心绞痛的明确诊断，导致胸前区疼痛的原因就可以增加到 10 余种之多，各种疾病的预后也不尽相同，治疗产生的临床疗效也就失去了可比性，如此，就会颠覆中医药临床疗效评价的科学基础。不进行中医辨证，也就失去了中医治疗的基础。这样，无法使患者真正得到两种医学的共同治疗，也就无法使临床疗效得到最大限度的提高。病症结合的临床诊疗和研究思想体现了疾病共性规律与患病个体个性特征的有机结合，病症结合的临床模式为在科学层面开展中医药学的研究提供了可能。

病症结合的临床研究模式源于近半个世纪的中西医结合临床实践，目前，它已经成为重要的中西医结合医学理论，对中西医结合临床研究及临床治疗具有重要的指导作用，并在临床上被广大中西医结合工作者广泛地应用于临床实践之中，是中西医两种医学在理论层面结合的范例，也是构建中西医结合医学理论体系的重要组成之一，病症结合的临床研究模式是“以人为本”的诊疗思想的具体体现，是高层次中西医结合的表现形式。

（陈可冀　宋　军）

附件四　关于培养中西医结合人才的思考

随着科学技术在当今社会发展中的作用日益重要，党和国家领导及相关部门对人才的作用也日益重视。2003 年 12 月 26 日在《中共中央、国务院关于进一步加强人才工作的决定》中再次强调了人才的重要性，明确指出“人才问题是关系党和国家生存与发展的关键问题”，把人才问题上升到了关系党和国家兴旺发达和社会长治久安的高度。2005 年 6 月 3 日，胡锦涛同志在与部分中国科学院院士座谈时再次指出，科技自主创新能力正成为国家竞争力的核心，我们一定大力实施科教兴国战略和人才强国战略，在实践中走出一条有中国特色的自主创新之路。人才是先进技术和创新思想的拥有者，是技术创新的源泉。同样，在我国中西医结合事业的发展上，人才问题，尤其是人才的培养已经成为一个影响全局的关键问题。我们可以说，在中西医结合事业的发展中无论怎么强调人才的作用都不为过。

（一）中西医结合人才培养的必要性

大力培养中西医结合人才是非常必要的。首先，培养中西医结合人才是为了适应国家政策的需要，“中西医并重、实现中医药现代化和促进中西医结合”是国家一贯的政策；是医学发展的必然趋势，尤其是传统医学发展的必然趋势；也是不断提高临床诊疗水平，满足社会医疗服务，推动医学实践进步的重要动力，是促进医学发展的重要因素；更为重要的是，它还是促进医院进步、发展的重要力量。

目前，我国中医、西医及中西医结合三支力量的发展极不平衡，老一辈中西医结合专家几乎快要成为“完人”，后继乏人，中西医结合人才奇缺。就目前而言，中华医学会拥有 43 万的会员，中华中医药学会有 18 万会员，而中国中西医

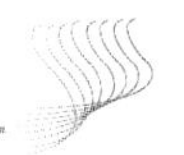

结合学会仅有将近6万的会员（截止2004年底）。

这与整个社会对中西医结合服务的需求极不相符。从国家中医药管理局2001~2002年在国内10省市进行的中医医疗需求与服务调查研究的结果就已经证实了上述情况。截止2001年，全国仅有中西医结合医院65所，床位12 118个，人员18 617人；中西医结合医院医生构成比为中医1207人，占19.53%；西医4619人，占74.75%；中西医结合医生353人，仅占5.72%。尽管如此，选择中西医治疗的民众比例却由1998年的22.12%增加至2001年的24.72%，中西医结合总的选择意向为30.85%。中西医结合的临床疗效得到了广大民众的认可。中国中西医结合学会近期完成的“结合医学国内外研究形状与发展趋势调研”课题的结果也显示，98%的医务工作者认为中西医结合医学符合社会需要，56.4%的患者喜欢中西医结合医生，58%的病人喜欢中西医结合医院，73.8%的病人认为中西医结合疗法治疗效果好。71%的公众喜欢中西医结合医学治疗方法，喜欢中西医结合医生。由此不难看出，我国目前的中西医结合医疗资源远远无法满足广大民众的医疗需求。加大力量大力培养中西医结合人才，以满足广大人民群众对中西医结合医疗服务的需求已成为当前重要的任务之一，也是发展中西医结合事业的头等大事。

（二）中西医结合人才培养的目标

培养中西医结合人才应当以面向需求、面向发展、面向未来为目标。培养大量可以满足社会需求、适应中西医结合事业发展的人才已经成为发展中西医结合事业重中之重的大事。中西医结合人才的培养一定要坚持根据不同的需求、不同的要求、向不同的方向培养各种中西医结合人才，要尽可能多地培养多学科交叉的实用型人才。根据中西医结合事业发展的需要，我们大致把所需人才归纳为三大类：临床型人才、研究型人才和理论研究型人才。

满足中西医结合临床的需求仅是中西医结合人才为社会提供的重要作用之一。临床型人才需要掌握中西医两套医学的知识，并能将上述两种医学知识熟练地应用于临床的诊疗之中，能够充分发挥两种医学的长处，优势互补，使临床治疗效果得以提高，保证人民的身体健康。中国传统医学是源于临床的实践医学，中医临床是包括基础研究在内的研究的基础。中西医结合临床除了要不断提高临床治疗效果，更要为基础研究和临床研究提供方向。

研究型人才实际上也是复合型人才。充分运用包括现代医学在内的现代科学、技术是保持我国传统医学得以提升和发展的重要途径和方法。近50年来的中西医结合实践已经证实了上述观点，活血化瘀治疗冠心病研究、三氧化二砷治疗急性早幼粒细胞性白血病、青蒿素治疗恶性疟疾、针刺麻醉及针刺镇痛原理的初步阐明、中西医结合治疗急腹症等都是成功的例证。具有化学、物理学、数学、生物学、植物学、药理学、生物化学、生理学、卫生学、经济学、社会学、统计学、计算机、信息学，甚至管理学方面知识并熟知中医学知识的人才是进行中西医结合研究的重要力量。如果进一步细分，又可以把研究型人才分为临床研究型人才和基础研究型人才两大类。临床研究人才的工作重点在于用现代临床流行病学和循证医学的方法来肯定、证实中医药学的临床疗效，说明中医药学在卫生经济学方面的优势，为中医药在临床上的广泛应用提供科学证据，为基础研究提供研究课题。基础研究人才的工作重点在于应用现代科技的手段揭示中医药治疗疾病的作用机理，阐明中医药的作用靶点，赋予中医药学时代的特征。

中西医结合可以在不同层面进行结合，最高层次的结合将是两种医学在理论层面的结合，也就是两种医学在理论上的融合。尽管从目前来看，由于中西两种医学存在着较大差异，使得两种医学无法在理论层面进行全面的融合。但是，诸如“病症结合”的临床研究等中西医结合在理论方面的结合已经开始显现。及时总结中西医结合的研究成果，尤其是理论研究方面的成果，回顾中西医结合的发展历程，展望中西医两种医学在理论方面的结合，已经是中西医结合理论研究方面急需开展的工作。如此，就要求理论研究型人才除了应当全面掌握中西医两种医学外，还应当具备史学、哲学、数学、计算机、生物学等方面的知识。

（三）中西医结合人才培养的途径与方法

中西医结合人才的培养应当是多途径、多渠道的，除了学历教育、脱产学习外，还应重视在职学习对培养中西医结合人才的重要作用。

从目前来看，学历教育应当是培养中西医结合人才的主要渠道。正规教育可以保证学员对中西医两种医学知识全面、系统地掌握，为以后的临床、科研工作奠定基础。但是，目前全国仅有 7 所中医药院校开办了 7 年制中西医结合教育，9 所医学院校开办了本科层次的中西医结合教育，5 所医学院开办了大专层次的中西医结合教育，3 所中等专业学校开办了中专层次中西医结合教育。中西医结合博士后流动站 3 个，中西医结合博士、硕士学位一级学科授权点 6 个，中西医结合基础博士授权点 3 个，中西医结合临床博士授权点 9 个，中西医结合基础硕士授权点 22 个，中西医结合临床硕士授权点 39 个。中医、西医、中西医结合作为我国并存的三支医疗力量，中西医结合人才的匮乏与主渠道培养人才的不足不无关系，我国正规的中西医结合学历教育仍需大力发展，应当在医学院校中设立中西医结合系（或学院），培养专门的中西医结合人才，中西医结合事业需要大量合格的临床、科研人才。台湾中医药界倡导的“中西医一元化”的人才培养模式及“中西医共诊共训制度”培养高水平中西医结合临床人才的方法值得我

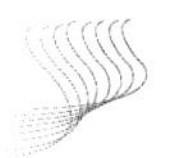

们学习和借鉴。

西医脱产学习中医的西学中班或中医进修学习西医也是培养中西医结合人才的重要方法。西学中这种教育形式为我国培养了一大批高级的中西医结合人才，产生了陈可冀、沈自尹、吴咸中等院士，为中西医结合事业的发展发挥了巨大的作用。近年来，上海启动了高层次中西医结合人才培养计划，旨在造就一支既懂西医又懂中医的高级中西医结合临床与科研骨干队伍。他们于2000年6月在从全市范围内择优录取了30名热爱中医事业工作、乐于奉献的优秀西医人才，其中，55%具有硕士及以上学历，共配备了49名导师，实行中医、中西医结合双导师制。按照“系统学习，全面掌握，研究提高”的原则，采取“集中上课与分散带教相结合；门诊抄方、病房实践与实验室进修相结合；临床医疗与科学研究相结合；市内学习与外地考察相结合”的方式培养中西医结合人才收到较好的成效。在当前，他们培养中西医结合人才的经验值得大家借鉴。当然，中医进修学习西医也为中医药工作者更好地利用现代医学的技术和方法为广大患者服务，为临床实行中西医双重诊断，提高中医诊疗水平提供了技术保障，同时，也为中医药研究人员利用现代科学技术和方法研究中医药学提供了技术支持。

毕竟，能够脱产学习的人还是少数。而且，对于每一个人来讲，中西医结合教育都不可能一蹴而就，它是一个漫长的过程，甚至是一个终生的经历。大量的中西医结合人才要在工作中培养。跟师学习、会议交流、继续教育讲座、医学沙龙等也就成为了在职继续教育，培养中西医结合人才的重要方法。

（四）人才在中西医结合事业中的作用

人才资源是第一资源，是先进思想和先进文化的创造者和传播者，是科技进步、科技创新最重要的推动力量。人才在中西医结合事业发展中起着基础性、战略性和决定性的作用，优化配置人才这一资源，才是推动中医、中西医结合学术进步、发展，提高中医、中西医结合自主创新能力的关键所在。从近几十年中西医结合事业发展的历程来看，任何一项科学技术的进步都是由掌握了丰富实践知识并具有创新精神的人才实现的。而且，在当前的知识经济时代，生产力的发展已经愈来愈依赖于对人才资源的占有和开发。血瘀证与活血化瘀研究一直是传统中医药学和中西医结合研究中最为活跃的领域。自20世纪60～70年代以来，在陈可冀院士等老一辈中医、中西医结合专家的主持和指导下，中国中医研究院西苑医院血瘀证与活血化瘀研究项目组在继承传统中医的基础上，注重创新和发展，经过三代人、前后40余年的连续攻关，在血瘀证基础理论、活血化瘀方药治疗冠心病和介入治疗后再狭窄作用机理、血瘀证诊断和疗效判定标准及防治冠心病和动脉粥样硬化新药研制开发等研究方面，皆取得突出成果，推动了中医药研究的进步，带动了中医药学基础和临床研究的发展。该项目被评为2003年度国家科学技术进步奖一等奖，成为传统中医药研究领域的历史最高奖项。没有陈可冀院士等众多科学家对中西医结合事业的执著追求，就不可能有该项成果的产生。因此，如何强调人才在中西医结合事业发展中的作用都不过分。

人才还是中西医结合事业持续发展的组织者和指挥者，中西医结合事业的顺利发展还有赖于指挥者对形势的准确判断和对人、财、物的合理部署以及正确的管理决策。管理决策与指挥的正确与否，对中西医结合事业的发展起着举足轻重的作用。在中医院普遍不景气的今天，作为中医临床标兵单位的广东省中医院日平均门诊量可以达到上万人；福建省第二人民医院由以往的门可罗雀，到现在的患者盈门和病房爆满。上述两家医院的成功经验并非是没有原因的，注重医院的科学管理和重视人才在医院发展中的作用在其中起到了至关重要的作用。

（五）“人尽其才”才是人才培养的根本目的

人才的培养固然重要，但大力培养人才并非是管理的最终目的，如何吸引人才、留住人才、使用好人才，使人才有更大的发展空间，更好地为中西医结合事业服务才是培养人才的根本目的。

首先，用人单位应当创造良好的机制吸引人才，营造有利发展的环境留住人才，针对人才的挖掘、开发和提升制定一系列的政策和规定，同时，还要加强内部人才管理措施，才能“人尽其才”，真正做到有人可用。对单位员工负责是重视人才的最基本体现。广东省中医院制定了尊重、激励、竞争的人才发展战略为该院的发展和品牌的建立奠定了坚实的“人才基础”。为了医院的高速发展，医院从国内外引进了许多优秀人才，并以他们为主组建了一批具有明显优势的临床科室，充分发挥了人才的作用。同时，为了给引进人才以更大的发展空间，医院领导又让在相关领域颇有成就的西医专家拜著名老中医邓铁涛为师，以求中西医知识互补，让引进的优秀人才成为更为实用、具有更大发展空间的复合型人才；福建省第二人民医院的有关领导为了使该院能在短时间内得以快速发展，他们充分发挥了优秀人才在医院中的骨干带头作用，为了使优秀人才能有更大的发展空间，有关领导还为他们进行了良好的职业规划，提供了良好的工作条件和环境，帮助他们实现个人愿景和人生目标。院领导的尊重知识、尊重人才，确实吸引了一批国内一流人才来到医院工作，医院的优势也在短时间内得以体现，并在与众多省内高水平西医医院的竞争中脱颖而出。他们的经验都显示出，人才为相关医院带来了全新理念、带来了竞争优势、增加了医院的收入、提供了医院的可持续发展空间。

当前，仍然有个别单位仅把一些高层次的人才当作花瓶点缀门面，并不为他

们提供适合的工作、生活环境，导致正常的临床、科研工作都无法顺利开展，如此势必会造成这么一种局面，优秀人才在该单位食之无味，弃之可惜，最终势必导致人才流失。

利用高层次的中医、中西医结合人才以迅速提高本单位的学术地位，并在较短的时间内使相关领域的中西医结合事业得以高速发展是许多单位的共同愿望。但是，目前我国高层次的中医、中西医结合人才仍是一种比较稀缺的资源，不可能满足各单位及方方面面的需求，而且，受到我国目前用人体制的限制，将这些人才收归己有，在现实中也很难实现。如此，难道真得就无法解决人才资源稀缺与社会需求间的矛盾了吗？对此，我们提出针对高层次优秀人才应当“不求所有，但求所用”，最大限度地解决人才短缺的问题，真正做到“人尽其才”，同时，上述解决方案也会给用高层次人才点缀门面的单位以巨大的压力，促进全社会对人才的广泛重视，促进人才在社会上的良性流动。

为了使有限的中西医结合人才能够“人尽其才”、“才尽其用”，有关单位应当制定能够适应当今社会发展需求和中西医结合事业发展的人事制度，真正地将人才作为一种资源进行管理，发挥其最大的社会、经济效益，挖掘其最大的科学价值，促进中西医结合事业的快速发展。

因此，人才在中西医结合事业的发展中起着举足轻重的作用，人才培养涉及许多方面的问题，除了加大力度培养人才外，还应该为人才创造良好的工作和生活环境，留住人才，用好人才，充分发挥人才的积极性和创造性，激励人才充分发挥其聪明才智；要努力营造“尊重知识、尊重人才、尊重创造”的良好环境，而且对已有人才还应有继续培养计划和措施；对优秀人才还应当具备“不求所有，但求所用”的思想，使有限的中西医结合人才在中医药及中西医结合临床和研究领域中发挥尽可能大的作用，为中医药学的发展插上腾飞的翅膀。

（本文选自2006年咨询报告）

咨询组成员名单

陈可冀	中国科学院院士	中国中医科学院西苑医院
韩启德	中国科学院院士	北京大学
刘德培	中国工程院院士	中国医学科学院中国协和医科大学
巴德年	中国工程院院士	中国医学科学院中国协和医科大学
韩济生	中国科学院院士	北京大学
吴咸中	中国工程院院士	天津医科大学
刘耕陶	中国工程院院士	中国医学科学院药物研究所

石学敏	中国工程院院士	天津中医药大学
于德泉	中国工程院院士	中国医学科学院药物研究所
路志正	主任医师	中国中医科学院广安门医院
廖家桢	教　授	北京中医药大学东直门医院
谢竹藩	教　授	北京大学
陈士奎	主任医师	中国中西医结合学会
郭赛珊	教　授	北京协和医院中医科
叶祖光	教　授	中药复方新药开发国家工程研究中心
史载祥	主任医师	中日友好医院
吕爱萍	教　授	中国中医科学院中医临床基础医学研究所
果德安	教　授	中国科学院上海药物研究所
屠鹏飞	教　授	北京大学
吕有勇	教　授	北京大学
史大卓	研究员	中国中医科学院西苑医院
孙卫国	业务主管	中国科学院生命科学与医学学部
王　澍	副研究员	中国科学院生命科学与医学学部
宋　军	副主任医师	中国中医科学院西苑医院
徐　浩	副主任医师	中日友好医院
张京春	副主任医师	中国中医科学院西苑医院

我国中远期石油补充与替代能源发展战略研究

严陆光　等

全球性的石油供应短缺和我国对石油需求的不断增大是今后能源发展的主要趋势，发展石油补充与替代能源对满足日益增长的石油需求和保障国家能源安全有着重大的意义。

为研究保障我国能源长期可持续发展的有关问题，中国科学院学部咨询评议工作委员会于2005年4月成立“我国能源可持续发展若干重大问题研究”咨询组，组织近20位院士、专家针对我国中远期能源发展战略进行了研究，经过深入调研，根据我国石油资源需求和供应现状，预测了中远期石油的需求和产能，阐述了发展补充燃料与石油替代燃料的必要性，着重分析了发展石油替代燃料的种类和产生的途径以及应用发展前景，提出了开发非常规石油，用煤炭、天然气和生物质制取石油替代燃料，发展非油燃料交通工具的对策和建议。

一、前　言

石油是一种全球配置的重要矿产资源，也是各国激烈争夺的重要战略物资。从20世纪60年代开始，石油在世界一次能源消费结构中的比重达到40%以上，成为现代工业和经济增长的主要动力。70年代的两次石油危机，导致了世界经济的全面衰退，通货膨胀率和失业率全面上升，而且诱发了多种形式的社会危机。90年代以来爆发的两次海湾战争，近年来发生的阿富汗、伊拉克战争，围绕中东石油资源的争夺愈演愈烈。石油安全问题越来越成为全世界普遍关注的热点问题，引起了各国政府的高度重视。从当代国际政治的演变来看，石油逐渐成为一个国家为维持国力或谋求霸权而争夺的重点。获得石油已成为21世纪极其重要的任务。

我国人均石油资源量少，石油储存的地质条件比国外复杂得多，勘探开发的难度日益加大。人口的不断增长和经济的快速发展使我国由一个石油净出口国变成为石油进口国。2005 年，我国原油消费已达 3 亿吨，其中进口量约占 43%。到 2020 年，中国消费的石油将占全球的 1/10，对外进口依存度将达到60% ~ 70%。我国石油工业面临着严峻的挑战，如何保障国家未来的石油供应安全和如何保持我国石油工业的可持续发展，成为国内外备受关注的问题。

正当我们想要更多地利用国际石油资源的时候，遇到了国际石油市场的高油价。持悲观看法的人们认为石油生产的巅峰很快将发生；而乐观派们则认为，石油产量的巅峰不会在 2035 年之前发生，这就给全世界以足够的时间去选择其他燃料。不管怎么样，看来石油产量的巅峰将在 2035 年前产生，此后，随着石油产量的下降，油价的升高，必然会加速向后石油经济时代过渡。我们不同意那些巅峰迫在眉睫的观点，但我们认为，等到巅峰真正发生时，再做出应对，就为时太晚了。

我国中远期石油补充与替代能源发展战略的研究，将对石油补充与替代能源的科学技术问题和规模化发展的可行性进行研究。它是保障石油可持续供给的重要战略。2005 年，中国科学院决定开展此项研究，是为中央决策提供科学依据的一个尝试。

本文研究的时间跨度定位中远期，我们认为选择 2020 ~2050 年比较合宜。由于石油是国际化程度最高的产品，所以我们必须从世界看中国。

本文首先研究了世界和中国的能源发展趋势、石油资源、未来需求和产能预测。从中可见非常规石油和替代石油产品在未来石油供需平衡中的重要性。本研究包括两部分内容：一是石油燃料的补充和替代，二是交通运输工具动力的改进和替代。

在替代燃料中非常规石油（只包括超重油、油砂和页岩油）的资源十分丰富，总体上达到常规石油水平。但由于经济性问题，迄今尚未形成较大的生产规模。随着常规石油供应能力的不足和原油价格的飙升，非常规石油的市场将不断扩大，能够补充常规石油供应的部分缺口。当然，提炼非常规石油的经济性以及所引起的环境污染也会成为障碍。资源可获得性、技术经济性能、环境性能评价是本报告关注的重点。

利用资源相对丰富的煤或天然气，转变为车用运输燃料，技术较成熟。而且在高油价时其产品具有一定竞争力，在向后石油经济的过渡时期，可能规模化提供石油替代产品。障碍是初投资大、耗水量大、煤加工对环境的污染。如何进行优选和排序是本研究的焦点。

用生物质生产乙醇、甲醇、二甲醚、生物柴油、合成油和氢等可替代石油，也是国内外公认的发展方向。生物质利用的障碍是资源分散，收集、保管、运输困难、成本有待降低。如利用纤维素、半纤维素，技术尚需突破，必须进行技术

攻关和创新。

与运输燃料供应具有同样重要意义的是运输工具的技术创新。公路在交通运输中的地位十分重要。要能有效节油，必须发展节能汽车、代用燃料汽车与电动汽车。本文研究了：开发和推广先进内燃机和混合动力车；推广使用燃气汽车；开展纯电动和燃料电池汽车的研发、示范和产业化的有关科学和技术经济问题。

轨道交通是大运量公共交通的主要方式，其能耗比汽车、飞机低3～4倍，是交通节能的重要途径。电气化轨道交通采用电力驱动，可减少交通对于石油的依赖，还可降低尾气排放带来的大气污染。但是大量的技术和经济问题有待解决。

本研究内容多、时间短，只是抛砖引玉，作为一个起步。很多问题有待进一步深入研究。中国科学院组织了该领域的几十名院士、专家，历时一年，进行调研、讨论和综合，提出建议。力图为党和政府在研究和决策能源发展战略时参考。也希望听到各方面的批评和指正。

本研究分下列6个专题开展工作：专题1，石油需求、资源与产能的预测；专题2，发展以煤及天然气为基础的液体燃料；专题3，发展以生物质能为基础的液体燃料；专题4，发展电气化交通；专题5，发展氢能交通；专题6，发展适应新型能源的车辆。

参加研究工作的还有：赵黛青、李忠、何文渊、汤海涛、王贺武、武瑛、王慎言、苟晨华、柴沁虎等同志。

二、石油资源、需求和产能预测

1. 世界石油资源

美国地质调查局（USGS）2000年对全球原油资源评价结果：可采总资源量4316亿吨、剩余资源量3302亿吨（占总量76.5%）、已发现的资源量3270亿吨（占76%）。全球石油资源分布不均。主要分布在中东、前苏联和美洲，三地区占80.4%。而亚太地区仅占7.9%。

可以预计，石油资源将随着科技的发展而逐渐增长。USGS过去20年的五个评价结果是：1984年2355亿吨，1987年2389亿吨，1991年2974亿吨，1994年3114亿吨，2000年4316亿吨。

还有总量4000亿吨的非常规石油资源沥青与稠油未包括在内。

USGS未评价地区有东非及海上，中国仅评价陆上6个盆地，海上未评。可见随着理论和技术的进步，全球石油资源量还会增加。

根据哈伯特方法预测，在资源量为5030亿吨方案下，世界石油产量将于

2030 年左右达到高峰，峰值产量为 49 亿吨左右。在资源量为 6000 亿吨方案下，世界石油产量将于 2035 年左右达到高峰，峰值产量为 56 亿吨左右。

2. 世界石油供需预测

2005 年，国际能源署（IEA）对世界能源展望预测，在照常发展情景下，2003 ~2030 年全球一次能源需求增长 52%，2030 年约 163 亿吨油当量，比 2003 年约多 55 亿吨油当量。全球能源需求年均增长 1.6%，而 1971 ~2003 年是 2.1%。2/3 以上的世界能源的增长将来自发展中国家。用来支持预测的能源价格已经提高。IEA 假设新的原油生产和炼制能力将落实，进口原油均价在 2010 年将回落到 35 美元/桶左右（2004 年不变价），这一假设的价格会逐渐上升，在 2020 年会达到 37 美元，在 2030 年达到 39 美元。

在能源供应中，化石燃料将继续占据主导地位。石油、天然气和煤炭2003 ~2030 年占一次能源需求新增份额的 83%。石油的份额从 2003 年的 35% 降到 2030 年的34%。石油需求年均增长率预测为 1.4%，从 2003 年的 79 百万桶/日到 2010 年 92 百万桶/日，到 2030 年是 115 百万桶/日，其中 2/3 增长来自运输部门，在运输部门石油仍将为主要的燃料。由于缺乏经济有效的车用替代燃料使得石油供应更加紧张。天然气需求增长较快，主要是天然气发电推动的结果。约在 2015 年，天然气将超过煤炭成为世界第二大一次能源。煤炭在世界一次能源需求中所占的份额将有所下降，煤炭需求增长主要集中在中国和印度。核电的份额会略微降低，由 2003 年的 6.4% 降到 4.7%，水电仍将大致保持不变，可再生能源的份额，包括传统生物质能从 13% 升到 14%。非生物质、非水可再生能源从 2003 年的 0.5% 增至 2030 年的 1.7%（图 1 和表 1）。

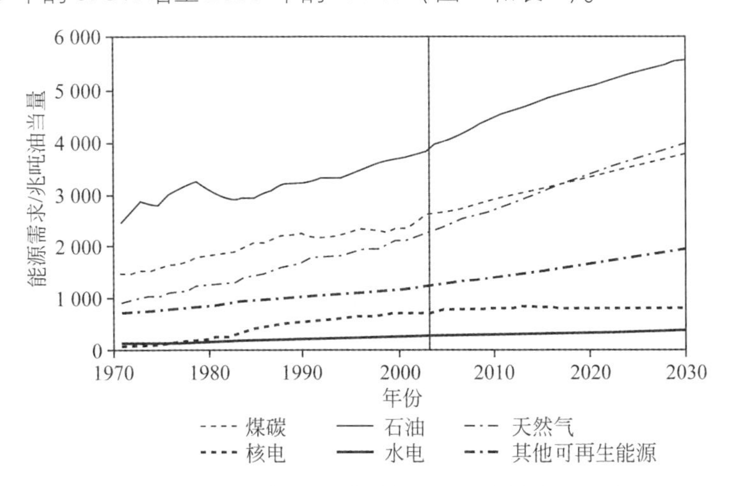

图 1　正常发展情景下世界主要一次能源需求预测

表2、表3示出了正常发展情景下世界石油需求与生产预测。

表1　正常发展情景下世界一次能源需求预测

一次能源	1971年/兆吨油当量	2003年/兆吨油当量	2010年/兆吨油当量	2020年/兆吨油当量	2030年/兆吨油当量	2003~2030年年均增长率/%
煤	1 439	2 582	2 860	3 301	3 724	1.4
石油	2 446	3 785	4 431	5 036	5 546	1.4
天然气	895	2 244	2 660	3 338	3 942	2.1
核电	29	687	779	778	767	0.4
水能	104	227	278	323	368	1.8
生物质和废弃物	683	1 143	1 273	1 454	1 653	1.4
其他可再生能源	4	54	107	172	272	6.2
合计	5 600	10 722	12 388	14 402	16 272	1.6

表2　正常发展情景下世界石油需求预测

项目	2003年/(百万桶/日)	2004年/(百万桶/日)	2010年/(百万桶/日)	2020年/(百万桶/日)	2030年/(百万桶/日)	2004~2030年年均增长率/%
OECD	47.0	47.6	50.5	53.2	55.1	0.6
OECD北美	24.1	24.9	26.9	29.1	30.6	0.8
OECD欧洲	14.5	14.5	15.0	15.4	15.7	0.3
OECD太平洋	8.4	8.3	8.6	8.7	8.8	0.3
经济转型国家	4.2	4.4	4.9	5.6	6.2	1.3
俄罗斯	2.5	2.6	2.9	3.3	3.5	1.2
发展中国家	25.0	27.0	33.9	42.9	50.9	2.5
中国	5.4	6.2	8.7	11.2	13.1	2.9
印度	2.5	2.6	3.3	4.3	5.2	2.8
亚洲其他一些国家	5.1	5.4	6.6	8.3	9.9	2.3
拉丁美洲	4.5	4.7	5.4	6.5	7.5	1.9
巴西	2.0	2.1	2.4	3.0	3.5	2.0
非洲	2.6	2.6	3.3	4.5	5.7	3.0
北非	1.2	1.3	1.5	2.0	2.4	2.4
中东	5.1	5.4	6.5	8.1	9.4	2.2
国际海上储油	3.0	3.1	3.1	3.2	3.3	0.3
世界合计	79.2	82.1	92.5	104.9	115.4	1.3

表 3　正常发展情景下世界石油生产预测

项目	2004 年 /(百万桶/日)	2010 年 /(百万桶/日)	2020 年 /(百万桶/日)	2030 年 /(百万桶/日)	2004 ~2030 年增长率/%
非 OPEC	46.7	51.4	49.4	46.1	0
OECD	20.2	19.2	16.1	13.5	−1.5
OECD 北美	13.6	14.4	12.6	10.8	−0.9
美国、加拿大	9.7	10.5	8.8	7.4	−1.1
墨西哥	3.8	3.9	3.7	3.4	−0.5
OECD 欧洲	6.0	4.4	3.1	2.3	−3.7
OECD 太平洋	0.6	0.5	0.4	0.4	−1.4
经济转型国家	11.4	14.5	15.6	16.4	1.4
俄罗斯	9.2	10.7	10.9	11.1	0.7
发展中国家	15.2	17.7	17.6	16.3	0.3
中国	3.5	3.5	3.0	2.4	−1.5
印度	0.8	0.9	0.8	0.6	−1.2
亚洲其他一些国家	1.9	2.1	1.7	1.3	−1.7
拉丁美洲	3.8	4.7	5.5	6.1	1.8
巴西	1.5	2.5	3.3	4.1	3.8
非洲	3.3	4.9	5.2	4.7	1.4
中东	1.9	1.7	1.5	1.4	−1.3
OPEC	32.3	36.9	47.4	57.2	2.2
OPEC 中东	22.8	26.6	35.3	44.0	2.6
OPEC 其他	9.6	10.3	12.1	13.2	1.3
非传统油	2.2	3.1	6.5	10.2	6.1
GTL	0.1	0.3	1.3	2.3	13.9
杂项*	0.9	1.1	1.6	1.9	2.9
世界合计	82.1	92.5	104.9	115.4	1.3
中东、北非	29.0	33.0	41.8	50.5	2.2
中东	24.6	28.3	36.8	45.3	2.4
北非	4.3	4.7	5.0	5.1	0.7

* 杂项包括粮食加工和秸秆液化

在正常发展的情景中，充足的世界能源资源可满足预测的能源需求增长要求。今天全球拥有的石油储量超过所预计的现在到2030年的累计生产量。但必须保证不断有所新增的探明储量，以避免在预测的末期出现产量高峰。在2004年到2030年期间，能源部门的累计投资估计为17万亿美元（2004年不变价），其中一半是在发展中国家。

至于2050年远期的能源需求预测尚无可用数据。只有联合国政府间气候变化专门委员会的情景分析可做参考，见表4。

表4　2050年世界一次能源需求总量及结构（IPCC/SRES A1B和A2情景）

世界一次能源需求	A1B情景/百万吨油当量	A1B情景/%	A2情景/百万吨油当量	A2情景/%
煤	4 442	14	6 957	31
石油	5 111	16	5 334	23
天然气	11 106	35	6 494	29
核电	2 938	9	1 391	6
生物质	4 609	14	1 623	7
其他可再生能源	3 988	12	927	4
合计	32 194	100	22 726	100

3. 我国石油供需预测

我国石油资源比较丰富，但地质条件复杂。经过50余年奋斗和发展，建立了完整的石油工业体系。2005年石油年产量为1.815亿吨。与世界石油资源增长类似，随着技术进步和认识的深入，我国石油资源总量在不断地增加。2003年评价的可采资源量为150亿吨，全国新一轮评价的石油可采资源量为212亿吨，增长了41.3%。

总体来说，中国正处于美国过去石油储量稳定增长的中期阶段，未来至少还有10年的储量增长期。但是我国是石油消费和生产的大国，2005年原油消费量3.0亿吨，世界排名第二；生产量1.81亿吨，世界排名第六；2004年年末剩余探明储量23亿吨，世界排名第十三位，储采比只有13.4。人均石油的储量是世界平均水平的5%。和众多的人口相比，我国的石油资源是不足的。

国家发展和改革委员会能源研究所预测了我国2020年实现小康社会的三种情景下能源需求，如表5、表6所示。

表 5　我国一次能源需求总量及其构成比较

情景	品种	能源需求总量（标准煤）/兆吨				构成/%		
		2000 年	2010 年	2020 年	2000～2020 年年均增长率/%	2000 年	2010 年	2020 年
A 情景	煤炭	907	1425	2074	4.22	69.9	66.7	63.2
	石油	324	538	877	5.10	25.0	25.2	26.7
	天然气	36	112	220	9.44	2.8	5.2	6.7
	一次电力	29	63	109	6.77	2.3	2.9	3.3
	合计	1 297	2 137	3 280	4.75	100.0	100.0	100.0
B 情景	煤炭	907	1 365	1 788	3.45	69.9	66.0	61.7
	石油	324	524	795	4.58	25.0	25.3	27.5
	天然气	36	108	193	8.74	2.8	5.2	6.7
	一次电力	29	70	120	7.28	2.3	3.4	4.1
	合计	1 297	2 068	2 896	4.10	100.0	100.0	100.0
C 情景	煤炭	907	1 205	1 466	2.43	70	64.8	59.4
	石油	324	460	638	3.44	25.0	24.7	25.9
	天然气	36	115	219	9.41	2.8	6.2	8.9
	一次电力	29	79	144	8.26	2.2	4.3	5.8
	合计	1 297	1 859	2 466	3.26	100.0	100.0	100.0

注：电力按电热当量折算，Mtce 表示百万吨标准煤

表 6　三种情景下煤炭、石油、天然气需求量

项目	情 景	2000 年	2005 年	2010 年	2020 年
煤炭/亿吨	A 情景	12.7	16.2	20.0	29.0
	B 情景	12.7	16.2	19.1	25.0
	C 情景	12.7	15.2	16.9	20.5
石油/亿吨	A 情景	2.3	2.9	3.8	6.1
	B 情景	2.3	2.9	3.7	5.6
	C 情景	2.3	2.7	3.2	4.5
天然气/亿米^3	A 情景	272	399	840	1654
	B 情景	272	406	811	1453
	C 情景	272	445	863	1645

从上述预测可知：我国的石油需求 2005 年是 2.7 亿～2.9 亿吨，2010 年是 3.2 亿～3.8 亿吨，2020 年是 4.5 亿～6.1 亿吨。实际上，2005 年消费的原油已经超过了 3 亿吨。原油净进口 11875 万吨，成品油净进口 1742 万吨，全年石

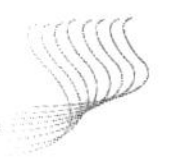

油净进口13617万吨，石油表观消费量31767万吨，石油对外依存度达到43%。

与美国类比，我国原油产量还有一定的上升空间，2010年前后，我国原油产量将进入高峰期，达到1.8亿~2.0亿吨，并稳定到2030年左右。随着老油田产量逐步递减，必须加强勘探，发现新的油田。新油田的产量将弥补老油田的递减，使中国的石油产量保持稳定，并略有增长。

表7为我国石油工业根据储量接续的几种生产安排。由表可见：2005~2040年为产量高峰平台期，但面临诸多挑战：一是供需矛盾尖锐，国内产量的平稳增长满足不了需求的快速增长，根据未来20年全国石油消费量预测，2020年进口依存度将达到70%，石油供应安全形势严峻；二是马六甲海峡困局突出，我国80%以上的进口原油需要经狭窄的马六甲海峡运输，亚太地区2002年石油净进口量为6亿吨，预计2020年石油净进口量将达到12亿吨，运输通道将更加拥挤，运输风险更大；三是原油进口量价齐升，面临价格风险。

表7 储采比控制法预测全国产量表 （单位：万吨）

项目		2000年	2010年	2020年	2030年	2040年	2050年
老区产量	基础产量	16 086	8 467	2 985	1 052	371	131
	提高采收率		2 103	2 691	2 406	2 008	1 668
新区产量	方案1		6 862	10 740	11 460	11 023	10 233
	方案2		7 770	12 136	12 960	12 471	11 567
	方案3		7 506	12 555	14 287	14 696	14 502
	方案4		8 506	14 210	16 191	16 670	16 446
总产量	方案1	16 086	17 432	16 416	14 918	13 402	12 032
	方案2	16 086	18 339	17 812	16 418	14 850	13 366
	方案3	16 086	18 076	18 231	17 745	17 075	16 301
	方案4	16 086	19 075	19 887	19 649	19 049	18 245

至于2050年的能源需求，国家发展和改革委员会能源所在进行气候变化研究时做过情景分析，其参考情景数据如表8所示。

表8 2050年中国一次能源需求总量及结构

一次能源需求	总量/百万吨油当量	结构/%
煤	1 426	30
石油	708	15
天然气	1 140	24.5
核电	282	6
可再生能源	1141	24.5
合计	4 697	100

由表中数据可见，2020 年后石油消费的总量难以上升，维持在 5 亿吨原油的水平，石油在一次能源消费中的比例将有所下降。天然气和可再生能源的总量和比例将会上升。这也为我们选择替代能源指明方向。

三、非常规石油补充常规石油

按照国际通用定义，本文所述的非常规石油只包括超重油、油砂中的天然沥青和油页岩中的页岩油三类。它们的资源十分丰富，总体上达到常规石油水平。但由于采掘和提炼设施投资巨大，迄今尚未形成较大的生产规模。随着常规石油供应能力的不足和原油价格的飙升，非常规石油的市场将不断扩大，能够补充常规石油供应的部分缺口。下面就三类非常规石油的现状和远景分别讨论。

1. 超重油

超重油指比重指数大于 1.0 的石油，主要埋藏在委内瑞拉奥里诺科带状地区，分布面积达 55 000 平方千米，其中四个区块的总资源量为 1900 亿吨，技术可采储量占资源量的 15%~25%，而从当前经济效益出发，前述可采比率还会下降。根据市场需求，超重油采出后可直接加水调和成名为奥里油(Orimulsion)乳化燃料出口，主要供发电厂，但因含硫高，必须采用烟气脱硫设备。较合理的利用方案是就地将超重油加工为低硫的轻质油，然后出售给用户。以年产 1000 万吨规模的油田、产品输送和加工厂为例，不包括税金的总投资（按 1997 年美元）约 30 亿美元（其中 2/3 为加工与港口部分）。目前以产油国和外国合资企业方式已投资建设了 5 个项目，总年产能 3200 万吨。

2. 天然沥青

天然沥青比重指数大于 1.0，黏度达 500 000 厘泊①。它以油砂形式（沥青含量 10% 上下）埋藏在加拿大西北部阿萨巴斯卡。总资源量为 3000 亿吨，技术可采储量约为资源量的 28%，而当前经济可采比率为 8%~15%（露天开采深度小于 120 米，蒸汽注入开采受地质条件限制)。从油砂中提取出的天然沥青含较高的沥青质和重金属，一般根据产区和产品市场情况用天然气凝析油稀释，降低黏度后管输，去炼油厂加工；或就地经轻质化加工为“合成原油”(SCO)。目前主要从加拿大管输到美国北部若干炼油厂，按约 20% 掺炼比例和常规石油一

① 1 泊 = 10^{-1} 帕·秒

起加工（因为 SCO 缺少石脑油轻组分和渣油重组分）。油砂矿区和沥青加工厂投资很大，以年产 3000 万吨规模的矿山、产品输送和加工厂为例，总投资约 180 亿美元。若按已有的项目平均值计算，则折合为每桶/日的总投资为 3.9 万美元。由于风险较大，20 世纪 70 年代以来油砂工业发展较慢。近年来随着原油价格上升的增大以及开采提炼技术的进步（每桶天然沥青开采成本已经低于 10 美元，加工为 SCO 的操作成本已低于 20 美元），加拿大油砂项目的投资大幅度增加。

我国石油石化企业也进行了投资。我国国内也有油砂资源，但能否形成经济规模开发还需开展大量工作。

3. 油页岩

油页岩是 4000 万 ~5000 万年湖相分层沉积在岩石上的藻类化石，其有机质号称油母，通过高温加热可转化为烃类油品。油页岩的资源分布较广，美国、约旦、澳大利亚、泰国、爱沙尼亚和中国均多，总资源量约 5000 亿吨（折油），含油率 5%~17%。探明可采储量（折油）以美国最丰富，600 亿 ~800 亿吨；约旦 40 亿吨；中国 20 亿吨（估计）。因此页岩油也是一种重要的非常规石油资源。

提炼页岩油的核心技术是大处理能力的干馏炉。过去，爱沙尼亚和中国开发了几种炉型，并曾在工业装置上长期应用。后来巴西开发了以气体为热载体供热的 Petrosix 干馏炉，德国开发了以固体为热载体供热的 ATP 干馏炉，单炉日处理页岩能力均达到 6000 吨，采油率为 90%。

页岩露天开采成本一般每吨在 5 美元以内，而井下开采则在 10 ~12 美元之间，破碎、运输和干馏费用每吨约 10 美元，按含油率 7% 计算，则每桶页岩油成本在 45 美元左右。澳大利亚曾规划建设最终规模为年产 450 万吨油品的页岩综合开发利用项目（Stuart 项目），总投资为 35 亿澳元。美国页岩埋藏较深，开采技术尚不成熟，投资和成本均高，2030 年前很难实现产业化。

页岩油工业带来的环境保护问题（温室气体排放等）已引起注意，为此 Stuart 项目暂停。

我国拥有油页岩资源，而且过去曾有提炼生产的经验，但自从大庆油田开发以后，由于生产页岩油成本高，加工页岩油也比天然原油复杂，原有页岩油工厂相继关闭，科研工作中断。近年来原油价格上升，拥有资源的煤炭企业和地方政府重新发展页岩油产业的积极性很高，但所考虑的范围和规模均有局限性，难以形成以非常规石油补充原油缺口的总体格局。我们认为应发挥我国油页岩资源和技术的传统优势，开展详细的勘查和科研开发工作，做出我国非常规石油的战略部署，在2020年前建设一座具有当代先进技术水平的亿吨级油页岩矿山和年产500万吨油品的页岩油加工厂，争取2050年补充原油需求量5%。

预测国外非常规石油产量到2020年可达3亿吨/年，2050年达到6亿吨/年，占原油总产量比率分别为5%、10%。

四、煤或天然气转化为替代石油产品

以煤或天然气为原料，可以通过一系列化学反应转变为汽油、柴油或具有类似性能的车用燃料，在高的原油价位时其产品价格具有竞争优势。虽然煤和天然气仍属不可再生能源，在转向由可再生能源大规模生产替代石油产品的过渡时期，这种举措不失为一条可行的战略选择，特别对煤炭资源相对丰富的中国而言，由煤基产品替代相对缺乏的石油基产品尤显重要。

由煤或天然气生产替代石油运输燃料可分二类：其一生产与石油产品相似的烃类产品，如煤直接液化、间接液化合成油、天然气合成油；其二生产能驱动内燃机的替代燃料如甲醇，二甲醚，或燃料电池燃料氢气等。当然压缩天然气无需转化加工也可直接作为车用燃料，本课题不拟论述。

将煤发电与煤化学转化有机结合，构成热-电-化学品联产技术，特别是以煤气化为核心的燃气轮机发电和化学合成燃料的多联产技术，可实现优化组合，不仅能降低电和化学品成本，而且能使资源和能源的利用达到最大化，环境污染最小化。

煤直接液化生产替代石油产品：在高压（15~20兆帕）、高温（400~450℃）和催化剂的帮助下，煤粉与重油调成浆状，与氢气进行化学反应，可以将煤转变为类似石油的烃类化合物。将沸点低于500℃的大部分烃类油品通过进一步的加氢处理、加氢改质、催化重整和加氢裂化，得到石脑油、汽油、柴油和液化石油气。这一技术早在第二次世界大战时期在德国就已工业化，但战后随着廉价石油时代的到来而停止发展。20世纪70年代，由于石油危机导致石油价格上升，发达国家又开始了重视这项技术的研发，形成了多种工艺路线，在技术提升、成本下降、效率提高等方面取得了显著的进展。近年来由于石油价格飙升，这项技术又引起了人们的注意，特别在我国已引起高度重视，并在催化剂自主研发、工艺路线设计等方面取得较好成果，目前仍处于实验示范阶段，正在建设百万吨级示范装置，有望在技术上取得更大进展。是否能大规模推广应用则取决于一系列技术和经济因素。煤直接液化对煤种要求较高，但我国仍有相当储量。生产每吨油品耗标准煤2.9吨，新鲜水8吨，对于3百万吨/年规模的液化工厂，吨油投资在8000元以上。

煤或天然气制合成气：煤转化为化工产品通常是先把煤中的碳经过氧化与水

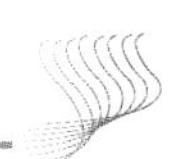

蒸气分解反应变成一氧化碳和氢，再经一氧化碳变换反应调整 H_2 对 CO 的比例，并除去气体中的杂质后，进而合成醇、醚、烃等产品或转变为氢。合成气的生产是多种煤转化过程的共同平台，具体工艺包括煤的配制（破碎、筛选、干燥）、煤的气化、CO 变换、煤气净化、CO_2 脱除等工序，还包括制氧装置。

煤的气化炉类型很多，但适合多煤种、碳利用率高、热效率高、开工周期长且已实现大型化（日处理煤能力 2000 吨以上）的只有 Shell、Texaco、GSP 等几种炉型。气化和净化投资对每 1000 纳米^3/时合成气为 400 万 ~500 万元，大型制氧装置（规模 60 000 纳米^3/时）对每 1000 纳米^3/时氧气投资为 500 万 ~600 万元。一般每 1000 纳米^3 合成气耗氧约 300 纳米^3，因此制造合成气的投资较高，制造成本也高，往往超过后续的合成与产品加工部分而成为影响工厂效益的主要因素。

为了提高煤转化的竞争力，应该针对传统的煤气化和空气分离技术创新，近年来国外政府部门和国际能源机构组织了一系列技术攻关，卓有成效。今后10 ~15 年内，高效气化炉（流化床等）、高温脱硫、CO_2 分离、氢的膜分离、氧的离子输送膜分离等新技术可能取得突破性成果，将使合成气成本大幅度降低(20% ~30%)。

以煤气化为基础的电—热—化多联产技术已展示了美好的前景，成为“清洁煤技术”的重要方案，尤其对于不宜直接燃烧的高硫劣质煤，在其利用过程中常规污染可以降低到最小，而且 CO_2 也可以集中回收处理，达到 CO_2 减排的目的。

天然气转化制造合成气的流程比煤转化相对简单，主要是用转化炉取代了煤气化炉和配煤部分以及脱硫净化部分。根据具体情况，用转化炉、部分氧化炉或者水蒸气转化炉，也可是预转化反应器和水蒸气转化炉的组合。因此天然气制合成气装置的投资明显低于煤制气（包含制氧装置约少 25% ~30%)。但是合成气的成本与天然气价格密切相关。

合成油：在中压、中温和催化剂的作用下，一定 H_2/CO 的合成气在浆态床或循环流化床反应器内可以转化为碳数 1 ~100 的混合烃，再进一步加工为石脑油、柴油、润滑油和石蜡等优质产品。这一过程通称为费-托（F-T）合成，20 世纪 30 年代就已在德国实现了工业化，50 年代迄今在南非商业生产，逐步形成年产 500 万吨油和 260 万吨化学产品的规模，是目前世界唯一的商业煤基合成油企业。

由于中东、西非等天然气产地拥有价格低廉的天然气，使得利用天然气制合成气，再经 F-T 工艺制备替代石油产品的技术（“气变油”（GTL））得到了重视和发展。迄今国外已工业化的技术有 Shell、Sasol 等，待工业化的有 ExxonMobil、Syntroleum 等。但因我国天然气供应不足，价格偏高，因此很早以来就立足于煤基合成油（煤间接液化）技术的研究开发，目前实验装置已取得较好成果，正在建设工业示范厂，用煤经合成气制合成油的工艺流程长，投资大，每吨油品耗标准煤 3.5 吨，新鲜水 10 吨，对于 300 万吨/年规模的液化工厂，吨油投资在 9300 元以上。与此对比，GTL 工厂投资少，当天然气价格低于 1 元/米^{3}时，油品出厂价低于煤合成油。

合成油产品质量优良，无硫柴油十六烷值接近 80，石脑油是生产乙烯的优良裂解原料，还有高档石蜡和润滑油。

合成醇醚：由煤或天然气等原料制备的合成气在中压、中温和催化剂作用下可转化为甲醇。甲醇是人工合成的化学品中产量最大者之一，工艺成熟，目前已经向大型化（百万吨级）发展，成本随之降低。若生产燃料级甲醇产品，成本还可进一步降低。我国以煤为原料生产甲醇技术拥有自行设计、制造和施工能力，甲醇生产规模可大可小，具有灵活性；但为了提高资源和能源利用率，市场竞争力和影响力，新建甲醇项目趋于大型化。每吨甲醇耗标准煤 1.8 吨，新鲜水 7 吨，对于 1.8 兆吨/年规模的工厂，吨甲醇投资在 3900 元以上。工业上甲醇进一步脱水制备二甲醚化学品，技术成熟。国内外正在开发合成气一步法制备二甲醚，可望使二甲醚化学品或燃料的生产成本进一步降低，为大规模应用奠定基础。

甲醇和二甲醚生产规模灵活，原料来源广泛。目前国际上主要采用天然气生产，国内主要采用煤炭生产。特别对不能作为动力煤直接燃烧的高硫、劣质煤，可作为合成甲醇燃料的原料，得到洁净利用。此外，大量副产的煤层气、焦炉煤气、化工释放气等均可生产甲醇和二甲醚燃料。从长远看，采用生物质气化制备甲醇可实现甲醇生产的可再生化。

甲醇与汽油混合做成 M15、M85 或 M100（纯甲醇）可替代汽油作为清洁车用运输燃料，尾气排放的污染物较少。国外曾经应用过一段时期，但由于多种原因未能推广应用。我国从 20 世纪 80 年代开始甲醇燃料的试用和研究工作，曾列入国家重点科技攻关项目，由山西和中国科学院分别负责攻关。国家科学技术委员会 1994 年安排，实施了山西省利用小化肥联醇发展民用燃料及化工产品的可行性研究，1996 年组织了煤制甲醇的能源、经济、环境的生命周期研究，得出了“在山西省等富煤地区发展燃料甲醇与甲醇汽车是现实可行的”研究结论。

山西省在“九五”期间就承担了国家经济贸易委员会煤制甲醇－洁净燃料汽车示范工程，开展了试验示范阶段，城际客运中巴车采用 M85～M100 燃料甲醇，获得良好结果。2002 年 9 月颁布实施《车用燃料甲醇》、《M5、M15 甲醇汽油》2 个地方标准和储运标准，新建、改建 100 座加油站销售甲醇汽柴油。正在制订 M90、M93、M95、M97 甲醇汽油，在太原、阳泉、大同和临汾四城市推广。另外承担国家科技攻关计划“甲醇燃料汽车示范工程”，组建了 55 辆四个

甲醇燃料汽车示范队，分别以不同纬度、不同车型、不同燃烧装置和不同运营路线进行经济、技术、环保、安全和管理等方面的检测和对比分析，结果表明甲醇燃料汽车的使用不仅安全、可靠，而且经济效益明显。2006 年计划投入 2000 辆甲醇燃料灵活出租车运营，实践将表明大规模推广甲醇燃料车的成熟性，特别是 M100 甲醇燃料更具有意义。

二甲醚十六烷值高，是优良的柴油机清洁燃料，但二甲醚的发动机和整车技术有待成熟，商业应用有待时日，且二甲醚常压下为气体，需加压瓶装储存，储运和加装成本高。今后在大型化生产降低价格后，可能用于定点线路的城市公交车辆。

氢气：煤或天然气制造合成气的过程中，少许改动工艺流程就可制成氢气。主要是采用中温和低温 CO 变换结合，加大变换深度，同时也增加了脱除 CO_2 的负荷。提高氢纯度一般使用变压吸附（PSA）工艺。大约 4 吨天然气或 7 吨标准煤能生产 1 吨氢。大型天然气制氢装置投资年每吨纯氢约需 5500 元，而煤制氢则需 12 000 元。预计当每立方米天然气价格为 0.7 元时，氢气（2 兆帕）出厂销售价为 6 元/千克，每吨入厂煤价格为 100 元时，氢气（2 兆帕）出厂销售价为 7.4 元/千克。考虑今后气化、净化、分离和制氧新技术的出现，上述价格应会降低。

车用燃料电池发动机使用氢燃料时，氢的储存、运输和加注等过程均要求在高压下进行，其投资和费用均高，甚至大大超过制造成本。因此，在社会拥有氢能汽车的早期，有限氢的供应难以实现网络化，只能利用已有的天然气网络，按小规模分散方式产氢。随着氢能汽车的普及，以煤为原料的大型制氢工厂和氢气长输管线将在全国逐步形成集中生产和网络供应格局。

综合展望：我国煤炭资源相对丰富，而且西北产煤区的煤价较低，煤转化作为石油替代燃料是可行的。每年将 1.5 亿 ~2.0 亿吨煤作转化原料，不论是液化或是制取醇醚燃料，均能产出折合 4000 万 ~5300 万吨原油的替代燃料。2030 年后，随着燃料电池汽车的进入市场，将已有的煤转化装置逐步改产氢气，上述煤量可替代更多原油。此外如采用煤发电供热联产合成油、甲醇或氢的技术，还能进一步节省煤耗。对我国来说，煤转化为石油替代燃料可行，替代份额取决于经济性和煤的供应量。另外，由煤制备替代燃料的同时，还可分离出 CO_2，便于集中处理，为 CO_2 的减排奠定良好平台。

五、生物质转化为替代石油产品

生物质能是太阳能通过光合作用转化而成的自然能源，生物质资源包括传统的秸秆、牲畜粪便、薪柴和城市有机废弃物等，还有今后发展的各种速生能源植物（速生林、速生草本植物和富糖植物、富油脂植物等），是洁净的可再生能源，是唯一能转化为液体燃料的可再生能源。目前我国农作秸秆、林木生物质及畜禽粪便三类中可用做能源的资源总量约折标准煤6.5亿吨，考虑到逐年的增长率以及能源作物的种植对传统生物质资源的补充，2020年、2050年预期分别达到9亿吨标准煤、12亿吨标准煤。虽然我国可耕土地少而人口多，与民争粮的担心一直存在，但有的专家通过调研认为：21世纪前50年保持现有粮田面积不变，通过科技进步提高单产，在可满足人口增加与生活水平提高的粮食需求以外，还有可能腾出部分耕地用于种植能源作物，或复种套种能源作物；此外，在一些未利用土地上种植速生、耐受性好的能源作物，都是对未来生物质资源供给的重要补充。

生物质的特点是资源分散，热值低（风干物的低位热值只有标准煤的60%左右），品种杂，存在明显的区域性和季节性。简单的分散利用方式只有农户的沼气池，而高效率、低成本的加工，将其转化为电能或石油替代燃料就必须在大型装置进行，日加工能力达到千吨或几千吨级，为此存在着收集、干燥、打包和运输等环节，都需要一定的费用支出，并且一般在超过15千米以后，运输费用随收集半径增大而增加。生物质原料成本由直接成本、收集成本、运输成本、储存成本和预处理成本组成。在不考虑储存成本的情况下，每吨废弃生物质的进厂收购价至少在100元以上，多数达200元（不含专门种植的速生糖料和油料作物）。国外根据市场经济规律，估算能取得的生物质资源量随收购价增高而增多，但一般认为每吨价位20~40美元可以接受。

生物质转化为替代石油运输燃料必须改变其化学结构，通常采用生物化学法和热化学转化法等途径，乙醇、生物柴油、合成油、合成醇醚和氢都是主要的生物质燃料产品。

生物质制燃料乙醇：生物质成份中的糖、淀粉、纤维素和半纤维素都可通过多种发酵工艺生产无水酒精即燃料乙醇。糖、淀粉发酵制造酒精是成熟的传统工艺，具体原料随地区而异，我国北方目前以玉米、小麦为主，南方以木薯、甘蔗为主。美国则用玉米，巴西用甘蔗。为了消化国家粮库陈粮，已建成百万吨燃料乙醇生产能力，调配成E10乙醇汽油，在东北和中部多地推广应用。用粮食做燃料乙醇工厂建设投资约4200元/吨（年产30万吨），按3.3吨玉米生产1吨乙醇计算：玉米价格1200元/吨，加工费1000元计算，如不计算副产品收入，变性燃料乙醇的生产成本大约接近5000元/吨。国家规定车用乙醇汽油售价必须与同标号的汽油“同升同降”，变性燃料乙醇按同期90号汽油出厂价乘以0.9111的价格进行结算。因燃料乙醇成本较高，国家给以补贴（每吨乙醇近千元），如果油价上升，燃料乙醇可以形成竞争力。美玉米乙醇随工厂规模和工艺不同，吨成本在300~369美元范围。燃料乙醇大量推广的核心问题是原料问题，单纯靠小

麦、玉米不仅价格高，而且资源量有限，应另寻原料。南方的木薯每公顷可提供5 ~7 吨燃料乙醇，北方的甜高粱每公顷可提供3 ~5 吨燃料乙醇，每吨的生产成本可以降低1000 元以上，是合宜的候选原料。当然为此需要做进一步的一系列调研和论证，确认能否达到总产千万吨级规模，并相应进行有关部署落实。

农作物废弃的秸秆含有60%以上的纤维素和半纤维素，经预处理和水解即转化为糖（五碳或六碳），然后发酵生成乙醇，这一技术途径如果得以实现，将可以有效地扩大燃料乙醇的资源量。近年来国内外致力研究纤维素和半纤维素酶转化技术，力求高效能和低成本。关键环节是纤维素的水解糖化过程，生物法及酶水解法被认为是最有希望的工艺，但纤维素酶的成本降低、发酵工艺优化以及酒精废糟的综合利用问题有待突破。

美国预测使用玉米秸秆原料，年产乙醇20 万吨工厂建设投资折860 美元/（年·吨）（2010 年），每吨乙醇需3. 3 吨干秸秆，制造费约70 美元，估计出厂销售价为360 美元（当前水平为800 美元）。注意到制造过程外购纤维分解酶的费用约占售价10%，工艺流程也较复杂，今后存在改进工艺降低成本的空间。

为了利用基因科学技术为清洁能源服务，美国能源部近年启动一项称为GTL（Genomes to Life）的重大攻关课题，目标之一就是通过深入研究微生物群体在基因作用下如何更有效地将纤维素转变为乙醇。近期目标是在2012 年是纤维素乙醇的成本降低到玉米乙醇的水平；远期（2050 年）目标是最低出厂价进一步降为200 美元/吨（按热值当量折每加仑汽油91 美分）。此目标若能实现，则届时通过纤维素转化生产的燃料乙醇将取代美国车用燃油总量的部分以至全部。

使用E10 乙醇汽油对汽车无需改造，推广应用灵活性较大，但只能替代汽油用量的8%~9%。从全国各地的区域性特点考虑估算，可能替代5%左右。为了扩大替代份额，应考虑在某些地区推广应用E85 乙醇汽油，汽车制造商要专门生产适用的车型（国外称为FFV，即灵活燃料汽车，价格约比常规轿车贵），但这是一项系统工程，需要国家统筹安排。预计2035 年后随着纤维素制廉价乙醇的成功实现而得到实施。

生物柴油：以包括植物油、动物油脂和废餐饮油（地沟油）在内的各种油脂为主要原料，经过预处理和酯交换反应（用甲醇将甘油置换），得到脂肪酸甲酯（FAME）又称生物柴油。它具有柴油的主要性能，可作为调和物使用，通常调成20%（体积）比率，简称B20。

植物油来源广泛，有草本的大豆油、棉米子油、菜子油和木本棕榈油、黄连木子油等。但多数为人工栽培的食用品，价格昂贵。为了开辟廉价油源，可考虑在长江流域的冬闲稻田上移栽油菜，它的成熟时间短，不影响前后茬水稻的种植。栽培成本比单种油菜低。如能发展1000 万公顷，即可制取生物柴油1000 万吨。

利用荒地种植黄连木、麻风树等非食用木本油料植物也是生物柴油的另一来源。每公顷可获得柴油 2 ~3 吨。油料作物基生物柴油每吨价格在 4000 元上下，而麻风树等木本油料基和垃圾油脂基生物柴油每吨价格可降到 3000 元以下，因此，大力开发高含油量植物可解决原料价格和原料供应的双重问题。

据国外资料，以大豆油原料生产 10 万吨柴油的工厂投资约 7000 万美元，折 700 美元/(吨·年)。每吨柴油直接加工费 50 美元，间接成本 95 美元，扣除回收副产品甘油，并考虑投资回报后每吨售价需高于原料 95 美元。结合国内情况，计入增值税、消费税和所得税等税费，大致每吨柴油出厂价高于原料收购价 1000 元左右。

生物柴油的生产技术成熟，虽然还有完善的余地，但主要矛盾首先是组织广大农民从事种植油料作物，在给以合理报酬下努力降低成本，争取每吨油收购价不高于 2000 元，以此条件估算可能取得的油源。餐饮废油是低价的生物柴油原料，虽然总量有限，但可以实现燃料油转化和改善卫生环保条件，近期就可以实现，值得重视。其次是调和比例问题，如果全面推广，将能替代近 20% 的柴油燃料（热值为石油柴油的 0. 92 倍）。

生物质热化学转化：生物质如同煤一样，可以在高温下热分解或全部气化（用空气或氧气），不同的是生物质热值低、密度小、预处理复杂、产品产率低，且产生大量含氧化合物的“生物油”，精制后可做燃气轮机燃料，但要转化为车用燃料就需要经过重整变成气体。总之，生物质气化炉是正在开发中目前还不够成熟的一项技术，用于发电的炉型进展较快，而用于生产合成气的炉型开发相对滞后。

用热化学转化的方法把生物质先气化制成合成气，就能在该平台上利用相关工艺生产合成油、二甲醚等醇醚燃料或氢气。国外曾提出 BTL 即生物质经气化，然后用费-托法合成柴油的技术，比喻为来自太阳的柴油，既是清洁燃料，又不净排放 CO_2，确实有吸引人之处。

但是核心问题是经济效益。国外有专家测算年产 10 万吨柴油的 BTL 工厂，生物质（干基）收购价 3 欧元/吉焦，总投资约 2. 9 亿欧元，柴油价 16 欧元/吉焦，通过技术发展，2020 年生物质（干基）收购价 2 欧元/吉焦，那么总投资约 2. 3 亿欧元，柴油价 9 欧元/吉焦。对照以煤为原料年加工规模兆吨级 CTL 工厂，吉焦级单位投资明显较高。

植物光合制氢：水生微型藻类可以通过光合作用在无氧条件下不还原 CO_2 生成碳水化合物而直接产生氢气，按理论计算其产氢量为植物干物质重量的 1/15。氢经燃料电池转化为交通能源其总能量利用效率高于生物质制备乙醇做内燃机燃料的效率。同时生物光合产氢的更深层意义在于它是无碳能源。植物光合制氢还有一个重要特点就是生产过程中除氢的原料水之外几乎是不耗水的 。而单位植物生物质干物质的积累都需消耗 200 倍水（木本植物）或 1000 倍水（草

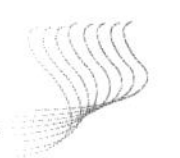

本植物）。我国北方广大地区光热资源丰富，但干旱缺水正是可以在可控环境下大规模养殖藻类，将成为我国的可再生氢源地区。

经国内外多年研究，对藻类产氢机理已有基本了解，有待继续进行科学研究和工程开发，降低反应设备投资，取得低成本的氢气。

综合展望：我国生物质资源总量仅为巴西的 1/4 ，因此千方百计扩大生物质资源量是我国生物质研究的永恒主题。那就需要对资源植物的常规与生物技术并举选育良种扩大种植。

生物质能属可再生能源，所生产的燃料归于清洁燃料范畴。国外首先开发的是燃料乙醇和生物柴油，技术成熟，可作为汽油或柴油的调和组分，预期 2020 年产量可替代 10%~20% 的运输燃料。我国待有效利用与开发的生物质资源尚属丰富，参照国外经验也以燃料乙醇和生物柴油为先期目标。但为了不与民争粮，不与粮争地，最终替代的份额有限。因此宜努力开发利用纤维素、半纤维素水解、糖化、发酵制燃料乙醇的技术，争取在基因工程研究方面有所突破，提高产率并降低成本，经过 10 年左右其成本达到粮食乙醇水平，2040 年前可与汽油竞争。降低对粮食和油料作物依赖的另一途径是还应积极开发生物质热化学工程技术，降低生产净化合成气的装置投资与成本，创造全面综合利用生物质的范例。此外注意到生物质资源分散、品种多样、含水多、热值低的不利因素，应细致研究有关作物的育种、栽培、收割、采集、干燥、打包、运输的科学方法，还应力争拥有多种高效、经济和清洁的转化技术，力求降低各环节的费用，使大型加工厂在优化条件下运营。

六、节油的综合交通体系与电气化轨道交通

表 9、表 10 列出了美国、日本、欧盟 15 国（奥地利、比利时、德国、丹麦、西班牙、希腊、法国、芬兰、意大利、爱尔兰、卢森堡、荷兰、葡萄牙、瑞典、英国）与我国 2000 年的交通网简况及客运与货运周转量简况。可以看出，交通网的发展和结构与国土面积的大小，人口的多少及经济发展程度紧密相关，我国要达到当前发达国家按国土面积或人口密度水平的交通网水平，我国公路网规模还要增大 5 倍，达 700 万千米，铁路网规模要增大 3 倍，达 20 万千米，按我国当今的建设速度，达到这种规模，还需半个世纪的持续努力。从综合交通系统的结构看，发达国家近二三十年各种交通工具的份额已大致稳定，在客运周转量中，美国、欧盟以汽车与飞机为主，份额达 93% ~99%，货运周转量中的份额各国有较大差别，我国当前客运份额与日本相近，而货运份额接近美国。

表 9　有关国家概况（2000）与交通网简况

项目		欧盟 15 国	美国	日本	中国
概　况	人口/百万人	378	282	127	1261
	面积/百万千米^2	3.24	9.36	0.38	9.56
	人口密度/(人/千米^2)	117	30	334	132
	城市人口比例/%	80	77	79	32
	GDP/10 亿欧元	8 524	10 689	5 162	1 170
	人均 GDP/100 欧元	226	379	406	9.3
交通网简况/万千米	公路网	395	637	116	135
	高速路网	5.1	7.4	6.6	2.4
	铁路网	15.6	31	2.0	6.8
	电气化铁路	7.8		1.2	1.4
	内陆航道	3.0	4.2	0.2	11.6
	管道	2.2	29	0.04	2.3

来源：Eurostat、世界银行及其他统计报告

表 10　有关国家的客运与货运周转量（1999）

（a）客运

项目	欧盟 15 国		美国		日本		中国	
	周转量/(10 亿人·千米)	比例/%	周转量/(10 亿人·千米)	比例/%	周转量/(10 亿人·千米)	比例/%	周转量/(10 亿人·千米)	比例/%
总计	4 773.4	100	7 322	100	1 202	100	1 129.7	100
客车	3 788	79.4	6 245	85.4	645	53.7	620	55.7
公共汽车	406	8.5	258	3.5	89	7.4		
铁路	295	6.2	22	0.3	385	32.0	412	36.6
水运	24.4	0.5	1.0	0.01	4	0.3	10.7	0.9
航空	260	5.4	796	10.8	79	6.6	86	7.6
有轨电车＋地铁	51		24		31		5	

（b）货运

项目	欧盟 15 国		美国		日本		中国	
	周转量/(10 亿吨·千米)	比例/%	周转量/(10 亿吨·千米)	比例/%	周转量/(10 亿吨·千米)	比例/%	周转量/(10 亿吨·千米)	比例/%
总计	1 739	100	5 138	100	328	100	4 052	100
公路	1 297	74.6	1 600	31.1	305	93	572	14.1
铁路	236	13.6	2 098	40.8	23	7.0	1 291	31.8
内陆航道	121	7.0	536	10.4			2 126	52.4
管道	85	4.9	904	17.6			63	1.5
海运	940		429		229			

注：有轨电车＋地铁未计入客运总计值，海运未计入货运总计值

根据预测，我国2020年的旅客周转量将为2000年的3.2倍，达3.9万亿人·千米，货物周转量将为2000年的2倍，达8.9万亿吨·千米。与此相适应，交通耗油将迅速增长，由2000年的0.55亿吨上升到2020年的2.56亿吨，占全国石油总耗量的份额由25%上升至57%，特别值得注意的是，我国全国总油耗预期在2000～2020年间增加2.3亿吨，而其中交通油耗增加2亿吨，占87%，充分说明降低交通耗油，构建节油的综合交通体系的重要性。2020年后，我国交通需求仍将继续增长，随着全球石油供应的衰竭，情况将更为严重。我国整个交通运输系统仍处在高速发展期，其结构需经长期发展才能达到平稳状态，还可进行积极调控。为科学地、正确地构建我国未来的综合交通运输体系提供了良好的机遇与可能性，抓住机遇，将交通节油放在突出重要位置上，研究拟定相应的方针，以期能及时、正确、科学地逐步构建我国现代化的、可持续发展的综合交通体系，将是交通节油最重要的宏观措施。汽车、飞机当前均靠燃油为动力，要大力发展电气化轨道交通，努力使公路与民航的份额不继续迅速增长。从国家组织管理层面看，为构建我国现代化的、节油的、可持续发展的综合交通体系，我国公路、铁路、民航及水运已有较好的基础和专门的国家管理机构，正在进行着积极的努力，存在的问题是：①应该设立机构来统一、协调全国的发展。②一些新兴技术，如电动汽车及磁浮列车技术，对未来发展有着重大意义，目前处于研发、示范与产业化起步阶段，应明确有相应的国家管理部门给予特别的关注来统一规划、部署与协调有关研发、示范、产业化与大规模应用工作。希望能给予重视，及时解决。

轨道交通是大运量公共交通的主要方式，其单位乘客人·公里的能耗比汽车与飞机低3～4倍，是交通节能的重要途径。由电气化铁路、城市轨道交通与磁浮交通组成的电气化轨道交通采用电力驱动，电可由各种能源产生，从而可大幅度地节油，有效减少交通对于石油供应的依赖性。电气化轨道交通没有随车尾气排放，从而还可有效解决燃油交通带来的严重的大气污染问题。近年来，一些新技术，如城市轨道交通新技术、磁浮列车技术取得了令人鼓舞的进展，为推进电气化轨道交通的发展与产业化增强了活力。

电气化铁路已经实现了产业化与大规模应用。新中国成立时铁路承担着全国65%的客运量和约85%的旅客周转量，是主要的客运交通工具。新中国成立以来，铁路得到了快速发展，2002年总长达7.19万千米，由于公路与民航的发展，其在客运中的份额有所下降，承担着全国6.6%的客运量和35.2%的旅客周转量，仍然保持着客运的骨干地位。在货运周转量中2003年的份额为32%。虽然我国铁路获得了历史性的大发展，已成长起来与铁道有关的完整的产业体系，但与我国交通发展需求和国际技术先进水平相比，仍然存在着很大差距，主要表现在：①我国铁路路网密度按国土面积计算，仅为74.89千米/万千米^2，按人口计算，仅为0.56千米/万人，在世界重要铁路国家中仍属后进。②运营速度低。旅客列车最高运行速度长期徘徊在105～110千米/时，自1997年起经过4次大规模提速和运行图调整后，旅客列车最高速度提高到140～160千米/时，但是仍落后于世界铁路30年。目前我国旅客列车平均速度为72.4千米/时，仅相当于西欧国家20世纪50年代铁路的水平。③铁路电气化率低。2001年我国电气化铁路总里程1.69万千米，占铁路总里程7.01万千米的24%。在未来的综合交通运输体系中，继续努力保持铁路交通的骨干地位，应成为发展的重要原则。为此，必须继续努力扩大铁路网规模，计划2020年达到总运营里程10万千米；要建设客运专线网，实行客货分流；客运网应努力继续提高运营速度至200千米/时以上，在长大干线方面要与磁浮列车有合理分工，以期与民航竞争中实现有效分流；要大幅度提高电气化率，由当前的26%增至2020的约50%，使铁路的油耗量大体保持在当前水平。可喜的是，铁道部门已做出了规划与部署。

城市轨道交通采用独立的专用轨道、电力驱动、高密度运行，是现代化城市大众化、大运量快速客运的骨干系统。根据运距长短、运量大小及旅行速度的不同，已发展了有轨电车、地铁、轻轨与市郊铁路等多种系统并得到了实际应用。随着经济社会与城市化的发展，城市轨道交通以其运量大、污染小的特点引起人们的重视，我国各大中城市掀起了发展城市轨道交通的热潮。加速城市轨道交通的发展是减少交通油耗的另一重要方面。它将有效提高市民使用公共交通的积极性，其节油效果将表现为汽车数量增速减缓和单位车辆平均年耗油量下降。随着规模的扩大，其效果将日益显著。城市轨道交通的建设需要政府作为基础设施给予积极的资金支持。从技术与产业发展看，我国地铁、轻轨等城市轨道交通起步较晚，设备由多国引进，尚未形成完整的产业，面对许多城市大力发展城市轨道交通的积极性与需求，努力提高我国的技术水平，大力推进国产化进程，尽快形成完整的、现代先进水平的产业是当务之急。近年来又发展了直线电机驱动的轮轨车和中、低速磁悬浮列车等新技术，它们的启动快、噪声小、转弯半径小等优点将在城市轨道交通中得到应用，抓住新技术与新产业的机遇，实现跨越式发展，也应给予充分的关注。我们应抓紧制定建设、技术与产业发展的规划、战略及措施，来推动与指导有关工作的前进。

磁浮交通经过长期持续努力，已开始进入了实用，将为地面轨道交通发展打开新局面。高速磁悬浮列车用电磁力将列车浮起而取消轮轨，采用长定子同步直线电机将电供至地面线圈，驱动列车高速行驶，从而取消了受电弓，实现了与地面没有接触、不带燃料的地面飞行，克服了传统轮轨铁路提高速度的主要困难。经过长期持续努力，使整个技术已经成熟到可以建造实用运营线，最高运行速度已达550千米/时，其主要特点与优势是：①克服了传统轮轨铁路提高速度的主要障碍，有着更加广阔的发展前景。②是当今唯一能达到400千米/时运营速度

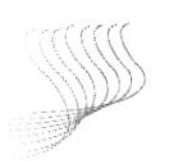

的地面交通工具，具有不可取代的优越性。③能耗低、噪声小、启动停车快、爬坡能力强，选线自由度较大。④安全、舒适、维护少。⑤采用电力驱动、不燃油。我国与德国合作，在引进技术基础上，于2002年底成功建成了由上海浦东机场进城全长30千米的磁浮示范运营线。达到430千米/时的设计速度和500千米/时的最高速度，已安全可靠运行三年，行驶200万千米，载客400万人次，证实了其实用性，在我国诞生了世界第一条高速磁浮运营线。当前，正在积极推进全长170千米的沪杭高速磁浮线的建设，它将有力地带动整个系统的产业化和更大规模的应用。发展磁浮交通在我国已奠立了良好基础。作为磁浮交通的发展，将在长大干线与城际及市内交通两个方向上同时积极推进。可以期望，我国将在世界上率先实现磁浮交通的实用化、产业化与大规模应用，为构建我国先进的，可持续发展的综合交通体系做出应有的贡献。

七、节能、代用燃料与电动车辆

公路在交通运输中的地位十分重要。在客运周转量中美国已占89%，欧盟15国占88%，日本占61%，在不计海运的货运周转量中日本占93%，欧盟15国占75%，美国占31%。我国还处于高速发展阶段，也已达到在客运周转量中占56%和货运周转量中占14%。作为公路交通工具的汽车，目前全球保有量已达8亿辆，预期2020年将增加到12亿辆，增长50%。目前全球平均每千人拥有135辆，美国已达每千人770辆，欧盟15国约每千人480辆，韩国每千人167辆。我国2005年民用汽车保有量3000万辆，平均每千人拥有25辆，年产量已达570万辆，估计2020年保有量达1.3亿~1.5亿辆，即每千人100辆，2020年后仍将保持一定增长趋势。要能有效达到节油和环保的目的，汽车的技术发展正向着车辆节能化、能源多元化、动力电气化、排放洁净化等方向积极推进，包括发展节能汽车、代用燃料汽车与电动汽车。在传统汽车技术继续发展的同时，新能源和新动力技术的研究、发展和推广工作正在世界范围内积极展开。目前已有多种新型汽车方案在进行研发与示范，鉴于一种新型车辆只有达到大规模应用后才能显示其重大的节油效果，而大规模应用要经过研发、示范证实其技术优越性与经济合理性，逐步实现产业化并解决了相应配套基础设施才可能实现。形成未来实用的车辆体系的整个过程需要较长的时间，要分阶段有序地持续推进，根据实际的需求与进展，不断研究相应的战略、方针与措施。

对多燃料——车辆技术分析研究表明，由燃料制取、运输，到车辆使用的全生命周期内的能量利用效率，对化石能源的依赖程度，常规污染物排放和温室气体排放等指标出发，较佳组合是：①以多种能源为基础，液体燃料为载体的内燃机混合动力车。②以多种能源为基础，以氢燃料为载体的燃料电池发动机电动汽车。③以多种能源为基础，以电为载体的动力电池驱动的电动汽车。这些认识对于车辆的发展有着重要的参考意义。新型汽车的实际发展方向还有很多需要考虑的因素，并且随着时间的推移还会有新的发展和认识。由现有的强大汽车工业转型为未来的新型汽车工业需要进行长期的持续努力和实践，中间还有一些过渡步骤，发展节能汽车与代用燃料汽车将是其主要内容。

发展节能汽车不改变现有液体燃料基础设施，优化现有以石油和内燃机为基础的车用动力系统，实施汽柴油清洁化，大力发展各种合成燃料，并与汽柴油混合，形成新型清洁燃料，应是近期内产生显著效果的主要措施。为此，要发展先进的柴油轿车，解决好排放控制的关键技术问题；发展节能汽油发动机技术，充分利用发掘尚存的20%以上的节能潜力；按先进内燃机的混合化发展趋势，推进汽柴油与代用燃料混合的燃料供应，汽油机与柴油机燃烧方式的混合，以及内燃机与电机输出功率的混合，大力发展内燃机混合化技术。内燃机的混合化是连接现有汽车节能环保技术、新能源汽车技术、电动汽车技术的桥梁。在技术经济成熟基础上，应迅速推进产业化与规模化应用的工作，以在交通节油中取得显著效果。

代用燃料汽车包括天然气汽车，液化石油气汽车，醇醚类燃料汽车和生物燃料汽车四类，这些燃料的转型需要发展相应的新型车辆，以及代用燃料的基础设施与供应网络。气体燃料汽车包括压缩天然气（CNG）、液化天然气（LNG）、吸附天然气（ANG）与液化石油气（LPG）等已进入商业化应用阶段，全世界约有500万辆在使用，氢内燃机和氢与天然气混合车也在研制与示范，其发展将与气体燃料的资源与产量相协调。乙醇燃料是最受关注的石油替代产品，在巴西已得到广泛推广应用，甲醇汽车曾得到一定发展，但有关毒性与腐蚀性方面的争议使其应用近年明显下降。二甲醚的使用开始引起研究领域的兴趣。醇醚类燃料汽车仍将继续研发与示范应用，其产业化与规模应用程度尚需在进程中逐步明朗。

石油与化石能源终将耗竭导致车用能源转型的必然性引发了世界范围内研发电动汽车的积极性。能源转型是一个长期过程，在此过程中，汽车动力的电气化率与电驱动功率的比例必将逐步提高。电动汽车包括混合动力车、纯电动汽车与燃料电池车三大类。经过近20年的大力推进，混合动力车已渡过批量生产的起步阶段，迈入较快速增长期，由于经济性好，排放较干净，技术已较成熟，在继续降低价格和提高可靠性、耐久性基础上，有可能较快实现产业化与规模应用，大幅度降低燃油消耗，并为过渡到纯电动车与燃料电池车打好基础。纯电动车与燃料电池车也已研制成多种样车，并开始了一定范围的示范应用，也有着一些推进产业化的计划，存在的问题主要在于当前所用动力蓄电池组和燃料电池的寿命低，成本高，可靠性与可使用性尚差，大规模应用必须解决充电与供氢的基础设施建设与运行，必须认真抓紧有关的研发与产业化工作，实现大规模产业化与应用还需要较长时间。

近年来，我国国家攻关计划、清洁汽车行动、电动汽车重大科技专项的实施，极大地推动了我国节能和新能源汽车的技术变革。我国汽车业在燃油汽车节能环保关键技术上取得重大突破，在自主开发产品上得到规模应用；开发推广燃气汽车20万辆，年替代石油150万吨，建设加气站600多座；形成具有自主产权的混合动力汽车车型6~7个。在电动汽车方面，早在1992年就作为关键技术列入了国家“八五”计划，支持清华大学与天津汽车公司研制蓄电池供电的中型轿车与小轿车，开展了钠硫电池、铅酸电池和永磁直流电机驱动的技术发展工作。1995~2000年“九五”计划期间，安排了“电动汽车技术产业化”与“燃料电池技术”两个项目，取得了重要结果，为国家电动汽车的发展奠定了良好基础。由2001年开始，在国家高新技术研究发展计划（“863”计划）中作为专项列入了电动汽车技术，投入8.8亿元来发展电动汽车及其相关技术。该计划将促进整个技术的集成发展，重点在蓄电池与燃料电池的研究发展，电机驱动及车辆控制的发展，经过10余年的持续努力，我国的关键技术研究发展取得了可喜进展，已研制成功多台纯电动、混合动力与燃料电池电动汽车并进行了试验与示范应用，但其技术与经济性能尚未达到可批量生产，提供使用的程度，批量生产与产业化工作尚未能真正起步。

总体来说，我国能源可持续发展，保障交通能源的可靠供应，必须十分重视节油车、代用燃料车和电动汽车的发展，向着车辆节能化、能源多元化、动力电气化、排放洁净化方向积极推进。近期内，应该：①开发和推广先进内燃机和混合动力车，解决当前的节能与环保问题，同时为动力系统技术转型做好准备。②推广使用各种气体和液体替代燃料汽车，并建设相应的基础设施，促进交通能源多元化。③开展纯电动和燃料电池汽车的研发、示范和产业化，重点解决动力蓄电池组与燃料电池组的成本、寿命、可用性和大规模充电与供氢的基础设施问题。虽然对于各种车辆的研制进展、产业化与应用规模的未来发展进程有着不同意见，2010~2050年的节油效果估计相差较大，可以肯定的是新型车辆的比重必会逐渐增大，节油效果必将日益显著。

八、燃料电池与动力蓄电池

面对化石燃料必将逐渐耗竭的现实，未来可持续用于汽车动力的能源只有从各种可再生能源及核能得到的电能、氢能和生物质能与其他可再生能源转化的替代燃料，从而电动车辆的份额必将逐步增大。在汽车动力电气化方面，虽然在电气装备与控制方面还要做大量研发与产业化工作，但制约其发展与应用的瓶颈除了燃料方面的问题外，主要在于电能的供给，当前可行的方案是采用燃料电池与动力蓄电池组，它们的技术与经济性能和电动车辆的要求相距甚远，大力加强有关研发与产业化工作成为发展电动车辆的主要关键。

燃料电池直接将贮存在燃料和氧化剂中的化学能转化为电能。与内燃机、化学电源等传统的能源转换技术相比，燃料电池技术具有如下特点：①高效：目前实际能量转换效率在50%左右；②电池本身的运行接近于零排放：燃料电池按电化学原理发电，不经过热机的燃烧过程，反应温度低，所以几乎不排放有害气体；③安静；较少的运动部件和低的反应温度，因而噪声低；④由外部供应燃料（如氢气），燃料补充能在几分钟内完成，只要燃料供应不间断，就能持续工作。按电解质划分，燃料电池大致上可分为五类：碱性燃料电池（AFC）、磷酸型燃料电池（PAFC）、固体氧化物燃料电池（SOFC）、熔融碳酸盐燃料电池（MCFC）和质子交换膜燃料电池（PEMFC）。其中，质子交换膜燃料电池目前被认为是最理想的车用燃料电池。随着技术的进步，燃料电池的功率密度不断提高，电池组的输出功率不断增大，电池的体积和成本明显下降，其可用为电动车辆电源的可能性日益受到重视。虽然世界范围内关于氢能经济的讨论还有不少异议，但对应该研究发展燃料电池电动汽车已达成了比较一致的共识。

燃料电池发明于18世纪中叶，20世纪60年代初通用电气公司首先将燃料电池运用于汽车。此后，1993年加拿大巴勒德（Ballard）公司建造了第一代车用燃料电池系统，掀起了燃料电池电动汽车开发的新高潮。由于环境与能源的需要，世界各国纷纷投入大量资金与研究力量进行燃料电池的开发。2002年1月，美国宣布实施FreedomCAR计划，支持燃料电池研究，旨在发展氢能经济，减少对进口石油的依赖。2003年初，美国总统布什又宣布启动氢燃料计划（Hydrogen Fuel Initiative），包括FreedomCAR，在未来五年内总投入17亿美元，推动燃料电池及氢源技术的开发和产业化进展，争取在2020年实现燃料电池电动车的商业化应用。2002年起，欧盟与日本也制定了包括氢能和燃料电池技术在内的可持续能源系统发展计划，积极开展了工作，期望2015~2020年开始实现商业化。我国早在60年代就开始进行燃料电池的研究，在碱性燃料电池方面取得了一定的进展；“九五”期间，科技部和中国科学院分别设立了攻关与重大项目，支持“燃料电池技术”的研发，为“十五”期间燃料电池系统的开发奠定了技术基础；“十五”期间，投资8.8亿元，启动“‘863’电动汽车重大专项”，其中约4.0亿元用于燃料电池城市客车和轿车的研发；同时支持了“‘973’氢能的规模制备、储运和相关燃料电池”的基础性研究；另外，2001年中国科学院启动院知识创新工程重大项目“大功率质子交换膜燃料电池发动机及氢源技术”，为燃料电池电动汽车发展提供了进一步的支持。我国自主研发的燃料电池汽车已经过1万多千米试验运行考核，节油效果显著，正在进行加氢站的建设和城市客车商业化示范运营。

燃料电池电动汽车从概念设计到示范运行都已证明是可行的，但要实现产业

化，达到真正的规模应用，还要解决寿命、可靠性与可使用性、成本及氢源四方面的关键问题。燃料电池堆或模块的寿命，是燃料电池电动汽车商业化面临的巨大挑战之一。实用化的车用燃料电池堆或模块目标寿命应大于5000小时；而目前国内外公开报道的车用燃料电池寿命不超过2200小时。影响燃料电池堆或模块寿命的因素很多，诸如，汽车运行中的工况循环即频繁的输出功率变化，环境中杂质的影响，低于零度下的储存与启动引起的寿命衰减，自身材料与零部件引起的衰减。为提高寿命需在提高环境适应性，开发增强复合膜，改进单乙醇胺（MEA）（膜－电极组合）结构，采用混合动力控制方式等多方面持续进行工作。目前，一般燃料电池电动汽车的成本是汽油内燃机汽车的十几倍到几十倍，其主要原因在于燃料电池系统零部件的费用较高，Pt／C电催化剂、质子交换膜和双极板也比较昂贵。降低单元部件和关键材料的费用，对降低燃料电池成本起关键作用。成本降低的主要途径有：开发低铂或非铂电催化剂，开发非氟复合膜，建立零部件稳定供应商，采用模块化结构和建立批量化生产技术。进一步提高可靠性与可使用性是实现实用化的重要条件，而包括制氢、氢输送和储存的氢源问题也是阻碍车辆商业化的关键，要从多方面持续进行研发与改进。我们要在已有基础上增强支持力度，分阶段设定目标，推进研发与示范，力争早日进入产业化，实现推广应用。

采用铅酸动力蓄电池供电的电动车已经实用多年，实现了小规模产业化，但铅酸电池比能量低、寿命短和污染环境，难以满足大规模电动汽车发展的需求，需要发展新型蓄电池。表11列出了已研制成功的四种蓄电池的基本性能，可以看出，综合性能最好的是锂离子电池，它的比能量和比功率均很高，循环寿命长，自放电小，不污染环境，温度适应范围宽，是较为理想的车用蓄电池。

表11　四种蓄电池基本性能

电池种数	工作电压/伏	比能量/（瓦·时/千克）	比功率/（瓦/千克）	循环寿命/次
铅酸电池	2.0	30～40	150	300
镍镉电池	1.2	45～50	170	500
镍氢电池（高能量型）	1.2	70～80	200～300	>1000
镍氢电池（高功率型）	1.2	40～60	1000～1500	>1000
锂离子电池（高能量型）	3.6	120～140	500～600	500～1000
锂离子电池（高功率型）	3.6	60～70	1000～1500	500～1000

锂离子电池于1990年研制成功。90年代在各种便携式电子产品上的广泛应用，其品种和产量都大大地增加。1994年以后产量显著上升，年增长率近年来达到50%以上，其应用范围也由信息产业扩展到能源交通和军事应用。我国锂

离子电池的生产发展也很快，2000 年产量约 0.2 亿块，2004 年达 7.6 亿块，占全球市场的 37.1%，我国有丰富的锂资源，为发展电动车用锂离子电池组奠立了较好的基础。

锂离子电池的缺点是价格贵与安全性较差，为降低成本和改善性能还要做较长期的研发工作，积极发展以锂离子蓄电池为基础的纯电动车的建议应给予充分注意，做出相应部署。

无论是燃料电池，还是锂离子蓄电池的成功发展，都将为电动汽车的早日产业化与规模应用做出重大贡献。

九、主要结论

本课题组经过分析研究，就此战略研究报告提出以下结论：

1）世界常规石油可采储量（含已探明、待发现和开发中增加量）估计约 5031 亿吨，扣出已采出的还剩余约 3500 亿吨。目前年产 42 亿吨，如今后以 1.5%速度增长，预计 2035 年前后产量将达到峰值，并在一段时期保持略有波动的稳定产量，然后逐步下降。但因需求持续增长，虽然非常规石油能够补充部分缺口，但势将面临供不应求的局面。必须尽早未雨绸缪，采取一系列节油和补充替代措施。我国情况同样不容乐观。预计 2050 年前国内年产量 2 亿吨左右，然后缓慢下降。

根据我国经济发展速度，2020 年原油消费将达 4.5 亿吨（若不采取多种节油措施，此数值将是 5 亿吨以上），若缺口额全靠进口原油，则进口依赖程度将达 55%；2050 年原油消费将达 7 亿吨（若不采取多种节油措施，此数值将是 9 亿吨以上），若缺口额全靠进口原油，则进口依赖程度将达 75%；这对我国能源安全十分不利。因此除了节约用油之外，及时采取有效的补充替代石油措施势在必行。

当前已经被采用的替代运输燃料有甲醇、乙醇、生物柴油、煤基合成油和天然气基合成柴油，虽然替代比例很小，但根据欧盟和美国提出的规划，2020 年其替代比例将为 20%和 10%。我国在几个地区已推广了乙醇汽油，几年后生物柴油和煤基合成柴油将投放市场。氢能作为运输燃料将随着本世纪 30 年代燃料电池汽车可能批量进入市场而逐渐普及。总之，21 世纪前半叶将是多种替代燃料、多种车型（内燃机汽车、混合动力汽车、纯电动与燃料电池汽车）并存、具有多元化特征的时代，很难设想在几十年内能回归到单一化的格局。

2）非常规石油以加拿大油砂中天然沥青和委内瑞拉超重质石油和美国页岩油为代表，合计经济可采储量达 1500 亿吨。经过几十年的研发和工业生产，天然沥青和超重质石油开采与加工为轻质“合成油”的技术均已成熟，并实现了

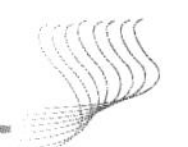

年产几千万吨的规模。因投资大、风险高，不能指望向开采常规原油那样迅速发展，在世界贸易中占有重要位置。如果原油价位持续处于高位，则可吸引投资而较快发展到每年亿吨以上规模，2030 年补充常规石油 5%，2050 年达到 10%。美国主要油页岩矿埋藏过深，开采成本高，待取得技术攻关成果后，最早在 2030 年建成大型联合矿山——炼油厂，产品价格预计每桶 70 ~90 美元。我国油页岩资源尚丰，但品位低，需进一步调查核实。目前通过废页岩制造水泥，生产页岩油做燃料油具备经济效益。大规模产油并加工成运输燃料尚待认真论证，并展开一系列研发工作，以便早日建成示范厂，为补充国内原油作贡献。

3）我国煤炭资源相对丰富，西北产区价格较低，而且不能直接燃烧的高硫劣质煤数量多，在原油价格高于 40 美元而煤价格较低的情况下，将其转化作为替代运输燃料（合成油、甲醇、氢等）的技术成熟或基本成熟，经济上是可行的。如能每年利用 1. 5 亿 ~2. 0 亿吨煤加以转化，不论是液化或是制取醇醚燃料，就能替代 4000 亿 ~5300 万吨原油。鉴于多年来山西省成功地进行了甲醇燃料的发动机改造和行车示范工作，如果我国能够在目前能源情况出发，全面从宏观角度对甲醇燃料做出科学评价，在合理的地域性布局和一定的历史时期内推广应用，有着重要意义。在已有基础上还需努力抓紧近期完成煤的直接液化和间接液化工业示范，研究直接从合成气生产二甲醚的技术和相应的发动机技术，研究伴随大量煤转化引发的 CO_2 减排技术，使广泛应用可再生能源之前，煤基替代运输燃料占有较多份额。

2030 年后，燃料电池汽车可能批量进入市场，氢气的需求将增大。此外采用煤发电供热联产合成油、甲醇或氢的技术，还能进一步节省煤耗。开发气化、净化、制氧和 CO_2 减排的国产化新技术以便降低投资和成本，并且降低煤的大量使用所带来的温室气体排放应是国家科技中长期发展规划中“煤的清洁高效开发利用”的优先主题和当前及今后延伸的重点内容。

4）生物质能属可再生能源，所生产的燃料归于清洁燃料范畴。国外首先开发的是燃料乙醇和生物柴油，技术成熟，可作为汽油或柴油的调和组分，预期 2020 年产量可替代 10%~20% 的运输燃料。我国待有效利用与开发的生物质资源尚属丰富，参照国外经验也以燃料乙醇和生物柴油为先期目标。但为了不与民争粮、不与粮争地，为了增加生物质原料的替代份额，宜着力开发利用纤维素、半纤维素水解、糖化、发酵制燃料乙醇的技术，着力在基因工程研究方面有所突破，提高产率并降低成本，这一前沿技术尚未列入国家科技中长期发展规划，希望补充组织实施，争取经过 10 年左右其成本达到粮食乙醇水平，2040 年前可与汽油竞争。还应积极开发生物质热化学工程技术，降低生产净化合成气的装置投资与成本，创造全面综合利用生物质的范例。

5）交通运输是耗油的大户，我国整个交通运输系统仍在高速发展，在制定规划构建我国未来可持续发展的综合系统时，应将交通节油作为最重要的原则之一，进行结构的宏观调控，大力发展公共交通与电气化轨道交通，努力保持铁路交通的骨干地位，大幅度提高其电气化率，节省内燃机车的柴油消耗，积极发展多种城市轨道交通，对新兴磁浮交通的发展给予特别关注。

6）公路在交通运输中居于重要地位，为有效减小油耗，汽车动力系统必须向着车辆节能化、能源多元化、动力电气化与排放清洁化的方向积极推进，发展节能、代用燃料与电动汽车，逐步实现过渡与转型。在电动汽车方面，除了根据《国家中长期科学和技术发展规划纲要（2006—2020年）》“低能耗与新能源汽车”优先主题，促使燃料电池汽车早日实现产业化，能够批量生产进入市场外，还应加强作为高效能源前沿技术之一——高性能锂离子动力蓄电池的开发与产业化，以期解决用车外电源充电的混合动力汽车以及纯电动汽车的应用，利用家庭方便取得的电力替代贵重的石油产品。

7）在燃料电池汽车逐步进入市场的同时，相对廉价的氢能燃料也需源源不断进入“加氢站”。氢的规模生产、储存、运输的大量技术课题和有关制订产品使用标准和开展社会安全教育等工作也该提前列入日程。21世纪开始很多外国政府和能源组织对氢能运输燃料给予足够重视，部署了全面的研发和应用示范工作，迄今有了一定进展。本文对氢能未做重点论证，但并不意味着远期（2030年后）氢能对我国运输燃料的替代比率可以忽略。好在煤基、气基制氢工艺技术成熟，生物质基则有待研究开发。有关氢能的普及应用在国内外学者间均存在意见分歧，宜另列咨询专题，以便引起我国国家领导和主管部门的重视。

十、主要建议

1）发展石油补充与替代能源对满足日益增长的石油需求和保障国家能源安全均有着重大意义，至2050年其份额期望可达石油总耗量的30%以上，其时间跨度大，内容涉及面广，工作性质复杂，战线长，投资巨大，国家发展战略研究需要长期、综合、持续进行，本次工作仅是一个开始，是在已有工作基础上，提出一些初步意见，供有关部门参考。为拟定好国家发展战略并推动其有效实施，单纯靠传统的“切块式”管理、多头领导、多项并行、多箭齐发，难以达到预期目标，可以借鉴国外很多行之有效的做法，设置一项国家统一协调的重大课题，集中领导和管理，反复滚动式进行研究，及时提供有关意见与建议。中国科学院学部作为超脱国家行政管理部门的科技重要思想库理应继续发挥重要作用。

2）任何一种科学技术措施的发展大致均要依次经过研发、示范、初步产业化与大规模产业化四个阶段。各阶段所需解决的任务不同，国家所应采取的方针、政策也不同，必须循序渐进不可逾越，从一个阶段进入一下一阶段需要经过

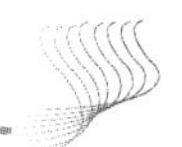

较严格的调查、分析与论证，避免盲目性与任意性。能源技术发展的特点是，只有形成大规模的产业，才能在国家能源供应中做出显著的贡献，需要长期、分阶段的努力。从我国当前情况看，近期内，如“十一五”期间，宜大力支持多方面的研发与示范工作，有选择地开展一些初步产业化工作，在大规模产业化方面，虽然各方面有不小的积极性，宜采取谨慎态度，充分论证看清后再做决定。

3）根据上述分层次、分阶段进行安排的原则，在发展替代燃料方面，包括开发非常规石油、用煤和气制取燃料和用生物质制取燃料，近期内（“十一五”期间）建议：

①页岩油。组织大力进行国内油页岩资源勘测与评估，落实经济可采储量，进行开采与加工技术研发，为现代示范厂建设做好准备。

②煤液化合成油。在已有长期工作基础上，继续深化与直接和与间接液化有关的关键技术研发工作，抓紧建成两种途径年产几十万吨至百万吨的示范厂，取得产业化经验。根据我国未来的实际需求，示范厂建设与运营经验，所得的技术经济性能的可靠数据，我国资源与环境的许可条件，深入研究明确我国大规模产业化的规模、重点技术途经、选址与发展战略，做出规划，逐步实施，避免一哄而上。

③煤与未利用焦炉气合成甲醇与二甲醚。应尽快完成作为汽油、柴油替代燃料的全面科学论证，然后进行 M85 混合以及 M100 纯甲醇燃料在我国不同地区合理布局和分阶段发展前提下的生产、应用与推广工作，明确未来的可能需求；根据需求积极发展焦炉气等大量工业废气合成甲醇的产业，开拓应用；对煤合成二甲醚应进行研发示范与前景论证。

④煤与气制氢。应积极进行研发与小型示范，其产业化进程将随着燃料电池车的实际发展逐步明确。

⑤生物质制乙醇与生物柴油。在已有初步产业化基础上，继续推进有关产业发展，其规模应与实际市场需求、有可靠的持续原料供应来源和不再需要国家补贴相适应。应大力开展利用纤维素、半纤维素制乙醇技术的研发和荒漠地区培育速生能源植物的研发，为发展不与农业争耕地的大规模生物质乙醇和生物柴油产业奠立基础。积极开展不同地区、不同类别的生物质资源数量、质量、种植、采集、运输的调研，为合理规划产业发展提供依据。

4）在交通节油方面，近期内（“十一五”期间）建议：

①向着车辆节能化、能源多元化、动力电气化，排放清洁化方向，积极推进我国汽车动力系统的过渡与转型。继续进行节能汽车，代用燃料汽车与电动汽车的研发与示范，掌握成套知识产权，形成自主品牌。在示范与积极开拓市场基础上，根据市场实际需求，建立相关产业体系，使先进内燃机车、代用燃料汽车及混合动力轿车开始进入产业化。

②推进燃料电池车与纯电动车的应用与早日产业化的关键在于需要有效解决

车载电能的供应与氢燃料的储运问题。要重点组织针对寿命短、价格高、可靠性与可使用性差的瓶颈问题，进行高性能低成本车用燃料电池和锂离子动力电池的研发与产业发展工作，并相应研究和示范建设大规模加氢站与充电站等基础设施的可行性。在燃料电池与锂离子动力电池的竞争发展中，将逐渐明朗哪种车辆将是今后大规模产业化的重点。

③大力发展电气化轨道交通是交通节油的重要方面，应在研究规划我国未来可持续发展的综合交通体系中给予充分重视。应大幅度提高铁路电气化率及客运速度，以保持铁路交通的骨干地位。积极发展城市轨道交通，有效减缓汽车数量的增速和降低单位车辆平均年耗油量。对新技术（如磁浮交通）的发展、应用与产业化应给予特别的关注，抓住新技术与新产业的机遇，实现创新性，跨越式发展。

虽在讨论中，我们仍存在着一些不同的见解与估计，上述建议大体反映了所形成共识，供有关部门参考。

（本文选自 2006 年咨询报告）

咨询专家组成员名单

严陆光	中国科学院院士	中国科学院电工研究所
陈俊武	中国科学院院士	中国石油化学集团公司洛阳石油化工工程公司
周凤起	研究员	国家发展和改革委员会能源研究所
赵忠贤	中国科学院院士	中国科学院物理研究所
翟光明	中国工程院院士	中国石油天然气集团公司
谢克昌	中国工程院院士	太原理工大学
匡廷云	中国科学院院士	中国科学院植物研究所
何祚庥	中国科学院院士	中国科学院理论物理研究所
衣宝廉	中国科学院院士	中国科学院大连化学物理研究所
吴承康	中国科学院院士	中国科学院力学研究所
蔡睿贤	中国科学院院士	中国科学院工程热物理研究所
陈　勇	研究员	中国科学院广州能源研究所
白克智	研究员	中国科学院植物研究所
毛宗强	教　授	清华大学
欧阳明高	教　授	清华大学
刘振宇	研究员	中国科学院山西煤炭化学研究所
黄常纲	研究员	中国科学院电工研究所

关于建设武汉城市经济发展圈以促进“中部崛起”战略的建议

叶朝辉　等

实施促进“中部崛起”战略，是党中央、国务院继实施西部大开发、振兴东北老工业基地战略之后提出的统筹区域发展、构建和谐社会的又一重大战略举措。武汉是中部地区唯一的特大中心城市，是全国重要的老工业基地之一，是中部地区科教文化、金融服务和产品制造等的中心。将武汉城市经济发展圈作为促进“中部崛起”战略的重要支点，在武汉城市经济发展圈中，充分发挥科技优势，重点加快发展以光电子信息业、现代制造业、现代物流业、绿色农业为支柱的四大产业，构建以武汉为核心、辐射和带动中部六省的经济发展，是落实国家促进“中部崛起”战略的有效选择。

一、建设武汉城市经济发展圈在促进“中部崛起”战略中具有重要地位

中部地区（包括湖北、湖南、江西、安徽、河南、山西6省）国土面积102.7平方千米，占全国的10.7%；人口超过3.6亿，占全国28.2%。中部地区位于全国的中心地带，承东启西、联南接北，同时土地肥沃，气候条件好、农业较为发达，工业基础较为雄厚，是东部产业向西部转移的桥梁和纽带，也是西气东输、西电东送的必经之地。从世界区域经济发展的进程来看，中心城市作为知识、技术、资金、信息、人才的承载者，其聚集、辐射功能可以有效地促进区域内的资源流通，科学整合区域内资源，加快经济一体化进程。湖北省确定的以武汉市为中心，联动周边的黄石市、鄂州市、黄冈市、咸宁市、孝感市、仙桃市等形成武汉城市经济发展圈，在实施这一发展战略中扮演着极为重要的角色。主要特点为：一是工业基础较为雄厚。经过多年发展，该地区在钢铁、机床、船舶、锅炉、汽车、纺织等制造工业以及以光电子信息为代表的高新技术产业等方面发展迅速，2002年制造业规模以上企业1287家，实现销售收入1021.57亿元，利税142.27亿元。二是科教实力强。目前仅武汉市就拥有自然科学机构

539 个，社会科学技术委员会科学机构 124 个，各级各类实验室 1900 多个，其中国家重点实验室 10 个，各类专业技术人员 45 万人，在全国各大城市中居第五位，武汉的高校规模居全国第 3 位。三是经济区位、交通条件优越。武汉是全国重要的交通枢纽城市，京广线、京九线、焦枝线、京珠高速公路以及长江黄金水道等贯穿其中，形成了中部地区重要的物流通道，是国家“十一五”规划的九大物流区域中心城市之一，以武汉为半径的 500 公里范围内有 45 个大中城市，人口 1.83 亿，占全国城市总人口的 21.25%，其辐射、扩散和集聚功能都很强。因此，充分利用武汉市在光电子信息、现代制造、现代物流及绿色农业方面的科技及产业优势，通过有效整合区域内的各种资源，科学规划，合理布局，并从战略上构建以武汉为核心的经济发展圈，是顺应全球经济发展形势的大势所趋，也是全面落实中部崛起的当务之急。

二、建设武汉城市经济发展圈对促进“中部崛起”战略将起到重要的作用

促进“中部崛起”与东部沿海地区开放、西部大开发及振兴东北老工业基地的战略实施的重点有较大的区别，东部沿海地区通过发展原材料和市场两头在外的企业及出口农业实现快速发展；西部大开发是通过加强基础设施建设和改善生态环境来带动经济的发展；振兴东北老工业基地主要是通产业结构调整和传统产业升级改造加快其发展。而促进“中部崛起”战略的实施，是党中央、国务院从科学发展观的战略高度，构建和谐社会，实现全面建设小康社会目标的重大战略举措。因此，促进“中部崛起”是我国在新的时期区域发展总体战略的重要组成部分，主要是通过加快中部地区工业化、城市化步伐，实现全国地区经济协调发展的目标。

中部地区的发展必须走符合中部地区实际情况和时代要求的发展道路。湖北作为中部大省，人均 GDP 比中部其他省高出 20% 以上，农民人均纯收入居中部第一位，教育、科技是中部地区最发达的省，工业基础也有较明显的优势。武汉作为中部最大的城市，具有明显的科技优势、教育优势、人才优势、地理优势、区位优势、产业基础优势、自然资源优势和市场空间优势等。因此，武汉市完全具备中部经济发展“领头羊”的优势，责无旁贷地发挥引领中部崛起的作用。

武汉城市经济发展圈的建设，符合工业反哺农业、城市带动农村的方针以及以工促农、以城带乡、促进城乡协调发展的原则，在推进中部地区工业化和城市化进程中，发挥引领和示范作用。武汉城市经济发展圈地处长江中游，是长江经济带和京广铁路经济带的交汇处，武汉市经济的发展不仅带动周边城市群的经济发展，而且能够成为中部地区经济发展的重要战略支点和龙头，把条件好、潜力

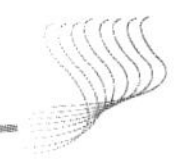

大的武汉城市经济发展圈作为重点和优先发展地区，把战略支点和龙头做大做强，通过中心城市促进“城市圈”迅速成长，再通过发达的城间经济发展联动，带动区域发展，形成支点和龙头城市的集聚辐射能力及区域增长极效应，从而实现促进“中部崛起”战略的宏伟目标。

三、优先发展光电子信息、现代制造、现代物流及绿色农业，在促进“中部崛起”战略中发挥引领作用

（一）加快建设武汉·中国光谷，使其成为推动“中部崛起”的重要引擎

在信息化不断加深的21世纪，光电子与微电子共同组成了信息产业的两大支柱。光电子信息产业对我国经济、科技、社会、军事发展具有战略意义，是国家综合国力与战略力量的重要组成部分。光电子产业从应用的角度看，可以划分为激光、光通信、光存储、光显示、光传感等领域。目前，一大批光电子产业领域或相关领域正在诞生或即将诞生，如下一代网络、软交换、无线接入、半导体照明、空间信息技术及产业等。2004年，全球光电子制造业的产值大约为1900亿美元，其中中国的产值大约为1000亿元人民币，占全球市场的6%。我国在光电子信息产业中的激光、光通信、半导体照明等领域掌握了一批核心技术，在全球竞争中具有明显优势。

1. 国际上光电子信息产业呈现高速发展趋势

光电子信息产业是当代科学革命、技术革命和产业革命的产物，是高新技术产业革命的重要内容。发展光电子产业，是各国推进高新技术产业革命的重要内容。光电子信息技术经过40多年的发展，在许多领域取得了革命性的突破，诞生了激光、光通信、光存储、光显示、光电传感等一批光电产业，激光、光通信、数字影像等产业领域进入了产业成熟期，但仍有巨大的发展空间。从今后发展趋势看，光电子信息技术和产业仍有巨大的发展潜力，光电子技术创新和产业革命仍处在高潮，将诞生一批新型的光电产业，产业发展潜力巨大。如在光电信息领域，光通信的容量仍有几百倍甚至上千倍的发展空间，现有的信息技术与信息量高速增长之间的矛盾，有力地推动着光电技术向光电集成、纳米光电子、分子以至更深、更微观的物理层次推进，未来的信息器件与载体在尺度、功能以及运行方式等方面面临着进一步的飞跃和突破。在下一代网络、软交换、半导体照明、地球空间信息技术和产业等领域，正面临着革命性突破，同样具有巨大的发

展空间。

全球光电子产业的发展现状和趋势及主要领域的技术发展趋势见表1～表6。

表1　全球光电子主要行业销售收入　（单位：亿美元）

光电子主要行业	2000年	2001年	2002年	2004年	2005年	2008年	2004年增长率/%	2000～2004年CAGR/%	2004～2008年CAGR/%
激光	140	111	100	114	118	131	3.6	-5.0	3.5
光通信	459	362	238	230	257	345	9.5	-15.9	10.7
光显示	250	280	314	514	612	926	23	23.6	15.9
光存储	73	82	94	111	117	133	7.8	11.0	4.6
数码相机	47	70	96	220	240	300	33	50.0	8.3
LED照明	11	14	16	22	27	43	29.4	18.9	18.2
总计	980	919	858	1211	1371	1878	18.9	6.7	11.6

表2　光通信系统容量发展趋势

项目	1980年	1987年	1995年	1998年	2003年	2005年	2010年
容量/（字节/秒）	45兆	1吉	10吉	100吉	1.6太	3.2太	160太

表3　全球激光技术发展趋势　（单位：瓦）

激光器类型	2000年商用水平	2005年商用水平
1. 高功率 CO_2 激光器		
横流	$(1\sim5)\times10^3$	10×10^3
轴快流	$(0.5\sim1.5)\times10^3$	3×10^3
扩散冷却	$(20\sim100)\times10^3$	1×10^3
2. 固体激光器		
灯泵Nd：YAG	$(50\sim1)\times10^3$	3×10^3
二极管泵浦YAG	50～100	
Yb：YAG		356×10^{-3}
3. 准分子激光器		
XeCl	10～100	400
4. 半导体激光器		
单个	3～15	
线阵	30～100	
面阵		1000

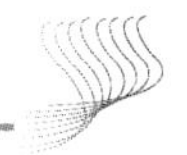

表 4　OLED 显示技术发展趋势（商用）

项目	2003 年	2005 年	2008 年	2010 年
显示尺寸/英寸	4	7	17	40
工作寿命/小时	8 000	10 000	30 000	40 000

表 5　光盘存储容量和存储密度的变化趋势

项目	1990 年	2000 年	2005 年	2010 年
激光波长/纳米	780	650	405	200 ~300
产品型号	CD 系列	DVD 系列	HD—DVD 系列	SHD—DVD 系列
存储密度/(吉字节/英寸^2)	0. 03	0. 235	1	2
5 英寸光盘存储容量	0. 6	4. 7	25	40 ~50

表 6　照明用 LED 技术发展趋势

技术指标	2002 年	2007 年	2012 年	2020 年	白炽灯	荧光灯
发光效率/(流/瓦)	25	75	150	200	15	85
寿命/千小时	20	>20	>100	>100	1	10
成本/(美元/千流)	200	20	<5	<2	0. 4	1. 5
显色指数（CRI）	75	80	>80	>80	95	75
可渗透的照明市场	低光通量要求领域	白炽灯	荧光灯	所有照明领域		

2. 武汉·中国光谷的崛起在光电子信息产业中占有重要地位

武汉光电子产业经过30 多年的发展，特别是自在2001 年国家批准建设武汉国家光电子产业基地（武汉·中国光谷）以来，取得了巨大的成就，走出了一条依靠自主创新发展高新技术产业的道路。

2004 年，武汉国家光电子信息产业基地光电子产业规模达到320 亿元，年平均增长速度达到30%，成长了一批具有核心竞争力的企业和产品。其中，光纤光缆位于全球前3 位，全球市场占有率达到12%；光电器件全球占有率达到6%，居全球第3 位；光传输系统居国内第3 位，技术水平居全球前列；武汉地区激光企业的技术水平也紧跟国际最先进水平，差距不断缩小。

在国内市场，2004 年武汉·中国光谷的光纤光缆占全国市场的55%，光电器件占40%，光传输设备占12%，激光设备占50%，数字摄影测量系统占50%，国产GIS 占国产同类软件市场的70%，是我国最大的光纤光缆生产基地、实力最强的光通信领域科研开发基地、最大的IC 卡网络产品生产基地、最大的激光设备生产基地、最大的地球空间信息产业基地之一。

武汉光电子产业在发展过程中坚持实施自主创新战略，形成了较强的核心竞争力，培育了一批具有自主知识产权的科技成果，集聚了一批拥有自主创新能力的企业。目前区内拥有专利的高新技术企业达到500多家，2004年申请专利1500多项，其中发明专利700多项，占武汉市当年发明专利申请量的60%，自2000年以来，专利申请量平均每年以40%的速度增长。

目前，烽火通信的光通信研发基本与朗讯、阿尔卡特，北电网络等跨国公司处于同一水平，特别在2005年，在全球率先推出了第一条传输容量高达3.2TB/秒的大容量、高速率、智能化的光传输系统和超长距离传送系统。在光纤光缆、光电器件等方面，武汉长飞光纤光缆公司的光纤光缆生产技术近乎与欧洲同步，使中国成为世界上少数几个掌握光通信核心技术、能够提供光网络全面解决方案的国家之一。烽火科技集团提出的3项IP网络技术标准被国际电联批准为国际标准，也是国际电联首次批准的由中国人提出的技术标准。在激光产业领域，华工激光在成功研制出国内首台1万瓦 CO_2 激光器，使我国万瓦的 CO_2 激光器进入世界6强后，又研制成功国内首台大型带材在线式焊接成套设备，是世界上第4家能够生产此类设备的企业。目前，华工激光掌握了数控激光切割机、万瓦级大功率 CO_2 激光器等领域的核心技术，与国际先进水平差距不断缩小。

武汉·中国光谷在发展过程中，形成了由大学和科研院所、国家实验室、国家重点实验室和工程技术中心、企业技术中心、科技企业孵化器、大学科技园、科技产业园组成的基本完整的多层次科技创新网络体系。总投资4.5亿元的国家光电实验室（筹）已投入试运行，搭建了面向世界光电前沿领域的光电技术研发平台，原始创新能力进一步提高。

创业孵化体系进一步完善。到2004年，武汉·中国光谷已经拥有创业中心、海外留学生创业园、大学科技园、软件园、创业街等各种类型的创业孵化器7家，总孵化面积达到30万平方米，在孵企业600多家。企业研发机构和技术中心建设进一步加强。到2004年，区内企业建有研发机构100多家，有8家企业建立了国家级技术中心，15家企业建立了省级技术中心，600多家企业1.5万人从事科技活动。

3. 当前面临的主要挑战及发展思路

（1）面临的主要挑战

一是全球竞争激烈。光电子产业的每一个产业领域，在产业化阶段，进入的国家和地区很多，但是产业竞争到最后，只有少数地区、少数企业能够生存下来，大部分前沿领域的跨国公司在激烈的竞争中退出光通信产业。武汉·中国光

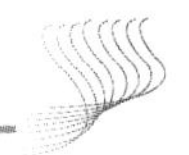

谷尽管在前一阶段的竞争中，经受了严峻考验，得到了发展壮大。光电子产业是中国中部地区最有特色和基础的高技术产业，建设武汉·中国光谷是促进“中部崛起”的难得机遇。

二是光电子信息产业的领域较多。从应用的角度看，光电子信息产业主要包括激光、光通信、光显示、光存储、数字影像、半导体照明等领域，在这些领域中，我们只在激光、光通信等领域占有优势，而在其他领域还缺乏核心技术。

三是我国光电子领域的基础研究和应用基础研究积累还比较薄弱。光电子产业的竞争是一场艰苦的持久战，需要深厚的知识积累和技术积累。

（2）发展的基本思路

武汉·中国光谷的发展，要瞄准世界光电技术和产业领域前沿领域，进一步明确在国家高技术产业中的布局、在国家战略中的定位，以国家的战略需求为出发点，以实施知识产权战略为手段，走出一条依靠自主创新发展国家战略高技术产业的新路子。

一是明确在国家高技术产业发展中的战略定位。国家在光电子产业布局、特别是在未来新型光电产业的布局方面，要适当向武汉集中，进一步强化武汉的地位，进入世界光电技术和产业竞争的前沿阵地，并通过武汉·中国光谷的发展，带动武汉城市经济圈的发展和中部崛起。

二是瞄准世界光电技术和产业发展前沿，加强相关的基础研究和应用基础研究。光电子信息领域的基础研究要与具有战略意义的新型光电产业的形成、光电技术原始创新能力的提高以及光电技术的产业化有效对接。武汉·中国光谷要在光电材料、光电集成、纳米光电子、半导体照明、空间地理信息系统等光电基础和前沿领域参与世界竞争，重视相关的基础研究和应用基础研究，形成底蕴深厚的基础研究积累，为光电技术领域的持续创新、重大原始创新打下基础。

三是走自主创新发展道路。光电子信息产业的发展，要实行对外开放与自主创新有机结合，对外开放不是目的，而是增强自主创新能力的手段，自主创新是根本出路。要通过技术引进、招商引资等手段，形成和增强技术学习的能力、技术创新的能力，提高技术创新的起点，更好地走自主创新之路。

四是完善现代服务功能，大力发展现代服务业。光电子产业的发展，为新兴的知识服务、信息服务业的产生和发展提供了手段。要建立适于现代服务业发展的经济体制，转变经济增长过于依赖制造业的增长方式，完善武汉·中国光谷的功能，依托光电子产业的发展，实现现代服务业的崛起。

4. 武汉·中国光谷建设的重点及对策

（1）建设重点

一是建设面向21世纪光电前沿的共性创新平台。在武汉国家光电实验室以及分布在有关大学、科研院所的光通信国家工程中心、激光工程中心等光通信、激光领域应用基础研究、应用研究技术创新平台的基础上，延伸光电技术研究领域和范围，紧跟世界前沿领域，建设世界一流的光存储、化合物半导体、光电显示、地球空间信息系统的应用基础研究和共性技术创新平台，促进光电技术和产业的全面突破。此外，还要明确武汉大学、华中科技大学、中国科学院武汉分院、武汉邮电科学研究院等大学和科研机构的功能和分工，在基础研究、人才培养等方面，为武汉·中国光谷建设提供相应人才、基础研究等支撑。

二是加强企业孵化和光电技术产业化平台建设。根据光电子信息技术创新以及新型光电产业形成的需要，以现有的创业孵化体系为基础，调整和提升孵化器功能，建设若干个光电领域的专业孵化器，吸引科技人员创业，特别要吸引全球光电技术领域的一流的人才回国创业，加快武汉·中国光谷进入国际主流环节和领域。主要平台是创业中心、光电技术专业孵化器、产业园的建设；国际光电技术园；海外华人光电技术园等。

三是加强企业技术创新能力建设。推进企业技术创新能力建设，强化企业R&D投入，推动企业研究开发的国际化，着力构建具有国际水平的基地研究开发体系，获得世界先进的创新技术，增强产业发展后劲。力争再用10年左右的时间，建成以企业为主体、有效整合国际创新资源的技术创新体系。主要平台是企业技术中心、企业研发中心；吸引国内外龙头企业的研发中心的转移；光电领域本土跨国公司的培育等。

（2）加快光电子信息产业发展的主要对策

光电子产业领域较多，不同的产业领域所处的产业发展阶段不尽相同，我国的竞争能力以及发展前景也各不相同，因此，对不同的产业领域，要采用不同的发展对策。

一是基础较好的光通信、激光产业，应实施跨越式发展战略，扩大竞争优势。在光通信、激光器及激光应用系统等产业领域，具有较强的国际竞争能力，基础较好，要进一步做大做强。在光通信领域，要在软交换、全光智能网、光电材料及器件等核心领域取得突破，打造以下一代网络为特色的集终端、网络系统设备及软件、营运、增值服务为一体的产业链。在激光产业领域，要重点发展超高强度、超短脉冲、超短波长的新型激光器。同时，要组织力量开展光电制造设备的攻关并实现产业化。

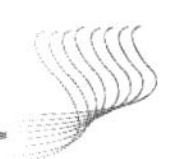

二是未来具有良好发展前景的新型光电产业，应做好超前的战略布局与规划。新型光电显示（如 OLED）、新型化合物半导体、半导体照明、地球空间信息等未来新的光电产业领域，目前的市场规模有限，正处产业化的过程中，但未来市场前景广阔，应在产业化阶段积极进入，大力实施专利和技术标准战略，提前做好规划布局。

三是引进和消化国外部分核心技术，发展 TFT 显示、光电传感（CCD/CMOS）等产业。对于全球市场规模大，产业成熟度高的光存储、液晶显示、数字影像技术和产业，重点是通过招商引资，吸引跨国公司的进入，在此基础上，搞好引进技术的消化、吸收和改进，加快这些高新技术在中国的普及和应用。

四是以软交换、NGN、3G、光纤到户等重点应用为导向，实施集成创新战略。要发挥光电子信息产业的带动作用，大力发展相关的软交换、NGN、3G、光纤到户等市场规模巨大的产业。武汉・中国光谷的发展，必须依托光电子信息制造业，大力发展专业的设计、外包、管理咨询、并购重组、信息服务、投融资等现代知识服务业、金融服务业，为光电子产业发展的各环节提供专业化服务，全面提升武汉・中国光谷的各项现代功能。

五是配套的芯片、软件产业、器件、光电材料等产业的发展。光电子信息产业的发展除了需要知识服务业、生产服务业的雄厚基础外，需要有集成电路、软件和现代制造业的雄厚基础，因此要配套发展芯片、软件、器件、材料等行业，解决好配套产业的发展问题。

（二）建设武汉现代制造业中心，实现老工业基地的振兴和发展

国际产业和资金正加速向中国制造领域的转移已是不争的事实，我国成为世界制造业中心的趋势日益加快。在未来 15 年，科学技术尤其是先进制造技术对我国综合国力和生产力水平的提高将起到至关重要的作用，这已成为举国共识。

1. 发展现代制造业是新时期的国家发展战略

大力发展制造业是符合我国国情的国家发展战略，《国家中长期科学和技术发展规划纲要（2006—2020 年）》将发展制造业列为第三主题，设立的两个重大专项（IC 和 NC 装备），总预算为 130 亿元。

我国经济改革发展到今天，区域经济正成为中国经济的带动力和增长模式，同时以若干个资产重组后的大企业集团在区域经济和城市经济圈中起着重要作用。此外，国内沿海发达地区产业正逐步向中西部转移，而东部产业和生产要素

向西部的转移必须经过中部传递，直接“空降”不符合梯度转移规律。作为地处中部的武汉应发挥自己的比较优势，适应我国经济改革发展的需要，尽快建立起相适应的经济和产业环境，即建设武汉城市经济发展圈。而发展现代制造业，实现老工业基地的改造升级，是建设武汉城市经济发展圈的重要动力源。

2. 现代制造业在武汉城市经济发展圈的地位和现状

经过经济结构调整，武汉以钢铁、汽车、船舶制造、机械装备为支柱的现代制造业亦具相当规模。2002 年制造业规模以上企业 1287 家，实现销售收入 1021.57 亿元，利税 142.27 亿元，利润 58.74 亿元，分别占全市工业的销售收入、利税及利润的 95.47%、93.60%、93.24%。2002 年全市共有 140 户销售过亿元的大企业，比上年增加了 13 户。其中，百亿元以上企业 1 户（武汉钢铁（集团）公司 191 亿元），50 亿元以上 2 户（神龙汽车 93.8 亿元、石化 67.5 亿元），10 亿元以上企业 9 户。工业综合实力增强，为打造武汉现代制造业中心奠定了物质基础。

（1）钢铁行业

钢铁冶金是武汉经济发展的支柱产业。武汉、黄石、鄂州等冶金基地是全国重要钢材制造和研究基地，其产业链群已形成包括矿山、采选、冶炼、加工、辅助、科研设计、建筑勘探等较为完整的体系。武汉钢铁行业实现的总产值占全市工业总产值的比例一直保持在 20% 左右。2002 年规模以上钢材制造生产企业 124 家，2003 年实现增加值 96.07 亿元，在 GDP 中的比例达到 5.78%，此比例高于中国大型钢铁工业基地所在的其他大城市，其龙头企业武钢公司在中部地区乃至全国有明显的比较优势和竞争优势。2004 年其钢产量 1100 万吨，钢材 800 多万吨，规模排全国第 3 位，科技创新能力和产品开发能力居全国同行前 2 位，在世界百强钢厂中排第 25 位，已经拥有了一批具有市场竞争力的产品，如取向硅钢、石油贮罐钢等都是国内独家生产的产品。

（2）汽车行业

汽车产业是拉动中国经济增长的重要力量，预计今后 10 年每年 GDP 增量有 1/6 ~1/7 由汽车产业提供。汽车是武汉及其周边地区在全国具有领先优势的产业，以东风、神龙、东风本田、中誉汽车有限公司等为主的武汉开发区现代汽车产业基地基本形成，已有汽车整车及零部件企业 107 家，投资总额达到 558.7 亿元。2005 年 1 ~10 月，汽车产业实现工业产值 188.08 亿元。2004 年，开发区整车企业共完成产值超过 110 亿元，产品主要包括轿车、客车、吉普车、改装车等，轿车在国内有一定的规模优势，龙头企业武汉神龙公司已形成 15 万辆生产能力，企业规模在国内排第 7 位，市场占有率为 10%。

（3）船舶重工

船舶工业是武汉地区的传统产业之一，武汉地区的船舶配套产品范围领域广，制造实力强，船舶配套企业规模、技术实力居全国之首；武汉地区的船舶专业科研院所和高校云集，船舶配套技术研发资源和能力基础得天独厚。其龙头企业武昌造船厂是我国技术最先进、体系最完备、配套最齐全的现代化常规潜艇的生产基地，具有国家级企业技术中心和国家唯一的深潜装备制造技术研发中心，水面舰船的制造以高性能、高附加值船舶为主要对象，拥有多项船舶船型的专利和国家重点新产品，填补了多项国内空白。工业总产值以年均 20% 的速度迅速增长，利润在中国船舶重工行业中名列前茅。

（4）机械装备

该行业是“武”字头企业较集中的行业，资产存量很大。2002 年，规模以上企业 245 户，实现销售收入 107. 72 亿，实现利税 8. 02 亿，分别占市制造业的 10. 54% 和 5. 64%。其龙头企业武汉重型机床集团有限公司是中国最大的数控重型机床和超重型机床的骨干企业，在重型和超重型机床行业排位第一，数控立车产品在全国的市场占有率达 60%，公司可生产 12 大类 30 个系列 200 多个品种的重型数控装备，其中数控 16 米立车被誉为“共和国当家设备”。武汉华中数控系统有限公司是目前在国内唯一拥有自主知识产权的数控系统、伺服单元和电机、主轴单元及主轴电机等成套技术的数控产品开发和生产的高科技企业，已具有五轴联动数控系统等 10 多种系列 30 多个产品生产能力。

3. 建设武汉制造业中心存在的主要问题及总体构想

（1）存在的主要问题

一是行业集中度低，产业结构不合理。具有竞争力强的大型骨干企业和具有竞争力的主导产品较少，系统集成能力不强，小企业专业化生产优势不明显，没有建立起“以大带小、以小保大”的合理产业带。

二是产品技术水平不高。全行业新产品产值率仅 18%，高新技术产值率仅为 19. 5%。一方面通用、中低档机械产品生产能力严重过剩，利用率不足 50%；另一方面市场急需的重大技术装备、高新技术产品、专用设备及机械基础件的开发和生产水平不高，每年还需大量进口。

三是自主研发能力不强。企业研发经费一直维持在销售收入的 0. 4% 左右，大大低于发达国家 5%~6% 的水平，导致企业技术创新能力建设严重滞后，缺乏自主创新的内在动力和物质技术手段。

四是现代企业制度建立缓慢，企业发展内在动力不足。部分国有及国有独资公司，仍承担着很大一部分社会职能，债务沉重，资金短缺，严重制约了企业总体竞争能力的提高。

五是企业外向度低。全行业有出口业绩的企业仅45家，其中100万美元的企业11家。2002年出口交货值13亿元，占全行业产值的1.4%。

（2）建设“武汉现代制造业中心”的总体构想

建设以武汉为核心，构筑以汽车、钢铁、船舶、机械等资金技术密集型产业为主的现代制造业聚集核心区，通过武汉核心区向周边辐射形成“四大”现代制造业产业带。以武汉为核心向鄂东南辐射，以武钢、冶钢、福星等企业为依托，壮大钢铁、有色金属及深加工等产业，形成武汉-鄂州-黄石钢铁冶金产业带。以武汉为核心向鄂西北延伸，加快轿车、载货车、多功能车及电动汽车的研究开发和规模化生产并带动汽车零部件和改装车的发展，形成武汉-十堰汽车产业带和武汉、襄樊、十堰、荆州四大汽车零部件集群。以武船、461厂、471厂、青山船厂、华南高速为依托，重点发展船舶制造、船用机械、船舶维修、港口机械等相关产业。建立从金山到武昌、青山至阳逻沿长江沿岸展开船舶工业产业带。以武重、华中数控、楚天激光、华工激光等企业为依托，以数控机床、激光加工系列产品、测控设备、新型控制电机等产品为主，形成武汉、宜昌、黄石、荆州光机电一体化产业带。

4. 建设“武汉现代制造业中心”的主要对策

1）建立武汉制造业创新体系。自主创新已是国策，国家应充分发挥武汉地区武汉大专院校、科研院所密集区优势和制造业的综合技术优势和实力，建议国家支持按照钢铁、汽车、船舶和机械建立以大学、研究院所和在武汉的国家级创新研发平台（如国家重点实验室、工程中心）为核心、行业骨干企业技术中心参与的产学研结合的四个创新研发平台，以提升武汉经济发展圈制造企业自主研发和自主创新能力，促进科技成果快速转化为生产力，提高企业的核心竞争力。

2）构建武汉地区现代制造业聚集核心区，形成产业集群的辐射带。以“抓住龙头企业，打造产业航母，发展草根经济”为指导思想，继续加大产业结构调整力度，以大型骨干企业为支点，加速大规模产业集群的形成，形成具有优势的系统性产业链，走多产业共同发展的道路，形成产业的规模效益和共生优势，提高制造业的可持续发展能力。

3）强化建设武汉经济发展圈的政府推动作用，加快“软环境”建设的步伐。在改革进程中，政府管理模式是其城市经济群发展的重要推动力量，是一种强势的政府宏观政策导向的经济管理模式。建议湖北省和武汉市政府以“十一五”规划的制定和实施为契机，在创新体制建设、人才培养、基础建设投资导向、加大招商引资力度，区域发展政策上提供相应的政策配套措施，努力构建完

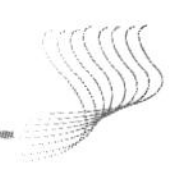

善的现代制造业体系。

4）国家相关的宏观指导和政策支持是实现上述目标的重要保证。建议国家相关职能部门以《国家中长期科学和技术发展规划纲要（2006—2020 年）》和“十一五”规划的实施为契机，在宏观指导、产业政策、建设项目立项、研发经费的投入等方面，列专题支持武汉现代制造业中心的创新体系建设和武汉制造业核心聚集区建立的资源整合，并制定相关的配套支持政策。

（三）建设武汉现代物流中心，培育中部重要的物流枢纽

根据中部地区的产业发展前景，从有形物流需求的角度，中部的支柱产业——汽车、钢铁、轻纺、水电和商贸业，构成物流需求的主体。中部地区有着一定实力的制造业基础，同时既是商品集散地，商品流通量大，也是全国重要的粮食主产区。

1. 武汉城市圈的地位及优势

（1）地位

武汉市是全国特大城市和交通的重要枢纽，整体实力和发展能力在内陆城市中始终名列前茅。随着沿海三大经济圈对国内经济的巨大引导作用，我国东南西北之间的经济联系频繁地在武汉交会，使武汉对周边地区形成了很强的经济吸纳能力和辐射力。

横贯中部东西向的长江从湖北西部入境依次经过宜昌、荆州、武汉、黄石、九江、安庆、铜陵、芜湖、马鞍山等数十个大中城市，是中部城市分布最密集的沿江城市带。湖北、安徽、江西、湖南的经济强市都分布在这一沿线，囊括了武汉城市圈、昌九景城市圈、长株潭城市圈和皖江城市带，是中部地区经济实力最强、发展潜力最大、辐射面积最广的经济主轴。如果国家协助武汉城市圈利用便捷的交通优势，依托长江“黄金水道”、铁路、公路和航空，发展沿岸沿线产业带，推进与长江中游其余各省份的联系，会提高他们的物流水平，也会加速中部的崛起。

（2）优势

一是交通优势。武汉是全国四大铁路枢纽之一，铁路大动脉——京广线与沿江铁路——武九线交汇于此。铁道部将在武汉市黄陂区建亚洲最大的编组站——武汉北编组站；京珠高速公路与沪蓉高速公路交汇于此，107、106、207、318、316 等 8 条国道贯穿全境，构成武汉城市圈连接东西、通达南北的路上运输网络；武汉城市圈坐拥长江中游的黄金区位，湖北境内干线达 1053 千米，长江是

世界第三大河流，蕴含着巨大的水上运输能量，2004 年，长江的货运量 7.3 亿吨，相当于 9 条京广线；在航空运输方面，武汉是全国五大航空区域性枢纽之一，武汉天河国际机场是华中地区规模最大、功能最齐全的现代化航空港，有国内外航线上百条。

二是金融优势。武汉是中国人民银行九大区域分行所在城市之一，也是中国人民银行在中部唯一的一家分行所在地。全市共有各类金融机构 2257 家，有 9 家外资金融机构在武汉设立地区性分行或分支机构，可为投资者提供各项便捷的金融服务。武汉市正在确立其在中部的金融中心地位。

三是信息优势。武汉城市圈通信基础设施发展迅速，武汉市是全国主要的通信枢纽之一，国家通信网“八纵八横”光缆干线中有京广、汉渝、汉宁等 5 条国家一级干线贯穿武汉，武汉电信网是中国公众多媒体通信网的八大节点之一。

四是农业优势。湖北省是一个农业大省，农业大省决定了货物流动内容即流体，一般来讲主要流动货物包括：农业生产所需的生产资料；农产品及其深加工产品；农民收入水平所决定的生存、发展的需求物，包括医药用品，日常生活用品，房屋建设、农用基础设施和材料、建材用品等。物流货物中农产品主要有粮食、油料、水果、肉类、水产品，由于粮食、油料的自给比例较大，相比较而言水果、肉类、水产品的流动性更强；工业产品产量的流动主体则集中在农用化肥、原煤、成品钢材和水泥等几大类，这就对物流提出更为迫切的要求。

2. 建设武汉城市圈现代物流中心的意义

（1）武汉城市圈物流中心是长江中游经济圈中最重要的物流通道

要持续支持长江中游经济圈和中部经济的发展，物流通道建设是基础。从经济区位和交通条件来看，武汉城市圈物流中心应是长江中游经济圈中最重要的物流通道。主要原因是：以上海浦东开发开放为“龙头”沿长江西进，必须在中游寻找一个战略支撑点；作为一项跨世纪的超巨型工程，三峡工程在建设过程中需要就近取得武汉在钢铁、建材、机械、发电设备、通信器材、运输设备、物资仓储、人力资源等物资供应和服务保障方面的支持；武汉城市经济圈具有中部最长的沿江沿线。

（2）武汉城市圈物流中心是长江中游经济圈中产业集成的先导条件

要在中部形成以武汉城市圈为中心的长江中游经济圈和城市群产业带，建立武汉城市圈物流中心就显得尤为必要。现代物流对区域经济的影响，不仅表现在扩大第三产业增加值这一直接效应上，而且还通过专业化分工，提高区域经济运行效率与质量，使第一、二、三产业之间及各产业内部结构更为合理。长江产业带建设既是中部崛起的突破口，又是中部崛起的重要支撑。产业带发展需要物流

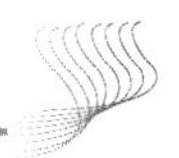

业发展，物流发展的需求不仅带动了相关产业如货运、仓储、集疏运的发展，同时促进了金融、通信、保险、维修、旅游、服务等第三产业的发展，使产业重心转移，加速了产业结构的升级。

（3）武汉城市圈物流中心在中部和全国物流体系中的地位

根据国家“十一五”现代物流业发展规划，按照全国现有经济区域划分、产业布局特点、交通枢纽布局和重要物流流向，确定建设“九大物流区域”，其中就有以武汉、郑州为中心的中部物流区域。中部物流服务体系由以武汉城市圈物流中心为核心的包括荆宜物流圈、襄十物流圈、郑洛开物流圈、芜合庆物流圈、长株潭物流圈和昌九景物流圈组成。以武汉城市圈物流中心为核心的中部物流圈，通过延伸两条沿线（京广铁路线、长江沿线）的物流经营网络，向周边五大物流圈辐射，进而面向国际物流形成完善的全国物流服务体系。

3. 建设武汉城市经济圈物流中心的主要问题及对策

（1）主要问题

一是城市互动问题。长江中游地区本身是一个充满活力的开放经济圈，而经济圈内由于利益驱动的原因，经济互动缺乏整体协调性，各地各自制定规划基本是“闭门造车”，结果带来重复、无序竞争、成本居高不下、浪费严重等问题。长江经济圈内部各城市产业结构雷同，产品加工度和附加值不高，缺乏大产业链和产业集群，各城市普遍存在着“三耗”，工业多，节能工业少；传统工业多，新兴工业少；加工工业多，基础工业少的现象，严重地制约了长江中游地区整体经济实力的提高。

二是水运通道问题。目前，长江中游地区水运通道的利用问题突出表现在：沿江综合运输大通道尚未形成，目前武汉与下游的上海和上游的重庆只有标准不高的水运航道相连接，而沿江铁路和高速公路尚未完全打通，制约了黄金水道发挥作用；水运开发程度低，长江干支流航道没有得到系统整治，限制了干支直达和江海联运的发展，近5年来，国家投入内河航道、港口建设资金分别仅为铁路、公路总投资的1.6%和0.8%。

三是港口群问题。目前中部经济圈还没有形成互动合作的港口群，中部经济圈同沿海三大经济圈相比，缺乏的就是优良的港口群，长江中游沿线的各港口功能严重滞后，割据现象严重，未能发挥长江“黄金水道”的作用，影响到长江中游经济圈的发展和武汉城市圈物流中心的建立。

四是金融贸易中心问题。一个区域的经济要实现联动发展，必须要有一个发展的引擎并具备两大功能，一是金融功能，二是贸易功能。中部因为缺少一个金融中心，成了国内资金最紧张的地区，每年固定资产投资的增长速度排名国内倒数第一。因为缺少贸易中心，中部的农产品和工业品很难走向全国、走向世界，经济的外向程度大大落后于沿海地区，物流业对经济和产业的支撑也就无从谈起。

(2) 主要对策

一是建立以武汉为中心的长江中游经济联合体。首先，以资本为纽带，组建大型企业集团，按照市场经济的原则，打破地区、部门、行业和所有制的界限，以资本为纽带，通过资产重组的方式，尽快形成一批能推动产业结构调整、产业升级、进而参与国际竞争的大型集团。其次，以体制创新为动力，建立以商品市场为核心的区域市场体系，建立市场经济新体制，关键是要建立统一的市场体系，包括商品市场、生产资料市场和生产要素市场等。最后，大力发展沿江沿线产业带，有计划地建设沿岸产业密集带，以城市为物流节点，加快各城市间的生产要素流通，利用长江航运和发达的铁路、公路与周边地区形成的集疏运网络系统，加强区域间物流、人流、资金流、信息流的沟通和交流，强化所在地区的同质因素，从而对周边地区产生辐射作用，促使中心区域产业逐渐向周边地区转移，使整个区域的联系更为紧密，整体性增强，各种产业相互促进发展。

二是武汉航运通道建设。武汉航运通道建设主要包括：充分重视水运优势的发挥，加快汉水航道的整治，提高航道等级，建设武汉大规模集装箱水陆联运枢纽，以阳逻国际集装箱转运中心为龙头项目，开发阳逻深水港；加快沿江铁路建设，加快汉宜（武汉—宜昌）铁路建设和武沙（武汉—大冶—九江—沙河）铁路改造，逐步开发沿江铁路复线及电气化改造，着手开发川汉铁路，形成沿江铁路大通道；加强重要城市间的高速公路建设。加快沪蓉高等级公路建设，形成沿江公路快速通道。促进港口大规模的建设，要求国家和地方政府拨出港口建设专项基金，且在土地和税收等方面给予优惠政策扶持港口的发展，促进武汉经济圈和长江中游经济圈港航、仓储和物流产业的联动发展。

三是建立以武汉为中心的组合港。从定位看，长江沿线应视为我国海岸线的自然延伸，武汉港通达沿海、海外，具有海港功能。武汉定位为具有海港功能的长江最大的内河航运中心，通过武汉航运中心建设，最终形成一个以武汉航运中心为主体，湖南、湖北、江西和安徽港口为组合港的港口群，使武汉成为辐射长三角、泛珠三角、环渤海的辐射源。可以将长江中游的武汉、宜昌、沙市、黄石、武穴、岳阳、九江、芜湖等港口组建成武汉组合港，打造中部区域的大港，引领三省的出海通道。

四是建设武汉阳逻保税区。武汉阳逻港具有以下建立保税区的条件：它是一个天然深水良港，具有交通优势，基础设施先进，扩展空间广阔，产业布局基本形成。在武汉阳逻建设保税区，可以通过保税区和港口的互动，发展转口贸易、保税仓储、出口加工以及保税生产资料市场。

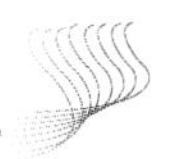

五是建设武汉长江中游航运中心。作为长江中游最大的港口城市，武汉承担着长江中游地区经济发展与航运发展的重要使命。武汉港是长江武汉航运中心的主要支撑，武汉港是国家一类对外开放口岸。与此同时武汉水路集装箱运输以每年高于30%的发展速度增长。据预测，到2010年中部地区港口吞吐量将达到2亿吨左右，集装箱量达到200万TEU，其中1/2将发生在武汉，因此武汉长江航运中心条件已经具备，时机已经成熟。

六是在武汉设立中部开发银行和中部发展银行。武汉市在资金分布密度、金融机构数量、同业拆借资金量、有价证券交易量等方面具有相当的优势，积累了丰富的经验和金融业人才。可借鉴广东发展银行、深圳发展银行、浦东发展银行的模式，在武汉设立区域性的中部开发银行和中部发展银行。

七是在武汉建立中部物流协调办公室。为有效协调中部地区现代物流业的发展和管理，可成立中部地区现代物流业发展协调领导小组，由各省政府分管物流工作的领导同志组成，并在武汉设立常设机构——中部物流发展协调办公室，统一规划、协调中部地区现代物流业发展的重大问题和有关政策，组织实施物流发展规划，推进中部地区现代物流业快速健康发展。

（四）大力发展绿色农业，建设湖北现代绿色农业中心

农业的高速发展而引起的水土流失、土壤生产力下降、农产品与农业环境污染、生态环境破坏等问题，已经引起社会的广泛关注，特别是农产品质量安全问题成为公众关注的焦点。为此，相继出现的有机农业、生物农业、自然农业、生态农业及可持续农业等多种形式的替代农业，已经被很多国家作为解决食品安全、保护生物多样性、进行可持续发展等一系列问题的实践途径。农产品生产由普通农产品发展到无公害农产品，再发展至绿色食品或有机食品，已成为现代化农业发展的必然趋势。

进入21世纪，世界上已有100多个国家生产和认同绿色食品，绿色浪潮开始席卷全球，使绿色食品生产总量占世界食品总量的3%。近年来欧洲、美国、日本的绿色食品年销售量平均以25%~30%的速度增长。2000年国际市场绿色食品销售额已达到200亿美元，预计到2010年将达到1000亿美元，并逐步取代常规食品而成为21世纪国际食品市场的主流。所以，顺应时代潮流生产绿色食品，发展绿色农业，是时代的需要。

1. 发展绿色农业是建设和谐社会，推动农业可持续发展的需要

我国改革开放的20年，经济保持了高速增长，但是，在取得经济发展伟大

成就的同时，也付出了巨大的生态成本代价。进入21世纪，我国经济社会形势发生了根本性的转变，短缺经济时代已经结束，资源消耗型、资源置换式的经济发展模式和道路已经被摒弃。走资源节约型保护型经济发展之路，实现小康社会，构建和谐社会已经成为经济发展的理念和目标。绿色农业具有维护经济、社会、生态三大效益统一协调，促进资源永续利用，保持人与自然和谐共生的功能，从这个角度，必须发展绿色农业。

加入WTO和农产品普遍供大于求，使我国农业增效、农民增收都面临巨大的困难和挑战。近年来我国由于绿色农业发展相对滞后，加之一些发达国家有意设置绿色壁垒，提高农产品检测检疫标准和进入其国内市场的门槛，使我国每年因出口遭遇绿色壁垒而造成的经济损失为500亿~600亿元。可见，绿色贸易壁垒已经成为阻碍我国农产品出口和进入国际市场的重大障碍。与此同时，绿色贸易壁垒也使我国国内农产品市场矛盾进一步激化，卖难问题加剧，农产品价格长期低迷，以致农业效益差、农民收入增长困难。绿色农业以农产品质量安全水平的提高和市场竞争力的提升为重点，发展绿色农业是我们攻克绿色贸易壁垒，促进农业增效、农民增收的重要手段。

2. 我国及湖北绿色农业发展的现状和趋势

随着绿色农业趋势的到来以及受绿色贸易壁垒和资源环境问题的胁迫，绿色农业引起了我国政府的高度重视。通过不断的努力，我国绿色农业进入快速发展期，年均绿色食品增长速度超过25%。到2003年6月底，全国绿色食品企业总数达到1929家，产品总数达到3427个，实物总量超过2500万吨，约占食用农产品及加工食品商品总量的1%，绿色食品销售额超过600亿元，出口额8.4亿美元，出口率11.6%。地处我国中部的湖北与全国一样，绿色农业正在快速兴起，到2002年湖北有绿色食品品牌106个，绿色食品生产种植和产地环境受监测的面积186万亩，绿色食品产值达到16.9亿元，创汇624万美元，绿色农业产业在中部崛起中开始发挥支撑作用。分析我国及湖北的绿色农业发展的趋势和机遇，目前主要体现在以下几个方面。

第一，农产品供求形势的全面好转和全民绿色消费观念的增强，为绿色农业发展提供了难得的机遇。自1996年我国粮食供给出现过剩以后，先后出现了果品、蔬菜、肉类过剩，使人们的消费观念开始转变，讲营养、讲质量、讲安全成为人们在食品消费中追求的主要目标。特别是经历了SARS疫情以后，全民的环境意识和健康意识进一步增强，全社会更加注重人与自然和谐，更加重视农产品的质量安全，这为绿色农业的发展提供了难得的机遇。

第二，绿色贸易壁垒所形成的“倒逼机制”，促进绿色农业的兴起与发展。

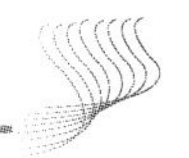

加入WTO，关税壁垒被逐步消除，一些WTO成员国出于保护生态环境和国内农业的需要，开始设置绿色贸易壁垒，不断提高农产品贸易中的质量、环境和安全方面的标准，这无疑对我国的农业产生了很大的冲击。但是，我们也应该看到，绿色贸易壁垒具有二重性，它通过“倒逼机制”促使我国农产品生产及加工更多采用国际标准，促使我们发展绿色农业、生产绿色农产品，全面提高农产品的质量和安全标准。

第三，绿色消费的盛行，使绿色食品的市场竞争力增强，正在催生和拉动我国的绿色农业发展。近年来，绿色浪潮席卷全球，绿色消费日益盛行，国际市场对绿色食品的需求日益扩大，使我国的绿色食品出口优势日益增强。2002年绿色食品出口额占农产品出口额130亿美元的6.5%。2002年绿色食品出口企业达到273家，占绿色食品企业总数的15.5%；出口产品达到301个，占绿色食品产品总数的9.8%。绿色食品出口量的增加和在国际市场上竞争力的增强，正在有力的拉动和催生着绿色农业的发展。

第四，农业结构的战略性调整和促进中部崛起战略的实施，是绿色农业发展的良好契机。由于农产品供求数量矛盾的解决和结构性、质量性矛盾的显现，我国开始进行农业结构的战略性调整，高产、优质、高效、生态、安全和农民增收成为农业发展的新理念。为达到这个目的，我国初步进行了农业发展区域布局和地域分工，即建立西部高效生态农业区，中部集约经营粮棉油主产区，东部出口创汇农产品生产区。中部崛起，农业是重点，“三农”问题是关键，这就为发展绿色农业提供了良好的机遇。

第五，绿色农业在我国及湖北已经具备了良好的发展基础，呈现出日益扩大与提高的趋势。10多年来，绿色农业按照“保护环境、安全消费、可持续发展”的理念，创建了“以技术标准为基础、以质量认证为形式，以产品标志管理为手段”的开发管理模式，逐步组成了融“绿色食品”认证及管理机构、产地及生产环境监测测试机构、产品质量检测检验机构为一体的绿色农业组织管理系统。使得我国及湖北绿色农产品生产基地逐年扩大，绿色农产品品种种类逐年增多，绿色农产品加工营销企业逐年增加，绿色农产品出口创汇率逐年提高，绿色农业发展呈现出良好的势头。

3. 湖北绿色农业发展及建设现代绿色农业中心的优势

一是自然资源优势。湖北省位于我国东部季风区，属于亚热带向暖带的过渡区，年日照时数1200～2000小时，全省平均气温为15～17℃，无霜期为260～300天，年平均降水量800～1600毫米，局部山地高达1800～2200毫米。气候资源具有冬冷夏热，光能充足，无霜期长，降水充沛，雨热同季的特点。全省地处我国第二阶地向第三阶地的过渡地带，呈现山地占优势，平原面积较小，水域广阔的特点。全省土地总面积28 111万亩。其中，可利用的荒山荒地3000万亩（主要分布在鄂西山地），土地资源潜力较大。全省平原湖区近6000万亩，是重要的粮、棉、油、禽类和水产基地；约7000万亩丘陵、岗地，粮食商品率较高，又适宜发展麻、丝、茶、水果等特色农产品；15 000多万亩山地，具有发展林业、牧业和其他林特产品的优越条件；近1000万亩可养殖水面和星罗棋布的江汉湖群，为发展淡水养殖提供了天然水域资源。湖北水、热、土、气资源匹配良好，能满足农、林、牧、渔全面发展，具有发展现代绿色农业的资源优势。

二是地域区位优势。湖北地处长江中游洞庭湖之北的中原腹地，地域区位得天独厚，具有建设农产品集散中心和最大的贸易市场的区位条件。适中的地理位置和便利的交通、流通、通信，构成了湖北在全国经济布局中的承东启西、南北交汇的重要地位。湖北处于长江三角洲和珠江三角洲向内地扩展和推进的交叉部位，形成沿江开放与开发的亮点。农业及农村经济在全国具有重要地位，国家已经确定，要把中部地区建成粮油集约经营主产区。而湖北省凭借地理位置优越、自然资源丰富、经济基础较好等有利条件，在中部6省中其农业及农村经济发展相对较快，经济总量位居前列，交通、科技、金融、城市圈辐射带动效应明显，具有导向、凝聚、示范和排头兵的作用。

三是科技创新优势。湖北是一个融科技与教育为一体的科教大省，是全国重要的科研基地之一，发展绿色农业和建立现代绿色农业中心具有较强的科技人才优势。农业科研及高新技术开发实力较强，农业生物工程技术、淡水养殖、低芥酸油菜、长江中游柑橘发展、瘦肉型猪等方面的研究与开发成果在全国具有较大的影响。国家级生物方面的工程中心和工程技术中心8个，国家重点实验室3个，在农业生物技术研究与开发方面，湖北现从事农业生物技术研究与开发的机构有85个，从事农业生物技术研发的科技人员超过1000多人，中国科学院武汉分院、华中农业大学等科研院所和高等学校目前都承担了一大批国家重大科研项目，形成了多个实力较强的科研团队，具备了科技创新的基础。

四是经济基础和环境优势。湖北省总人口为6000多万人，其中农村人口4294.6万人，耕地面积332.72万公顷，粮食产量曾达到2634.4万吨，占全国总产量的近6%，居全国第9位。湖北水稻2003年种植面积18.08万公顷，占全国总面积的6.83%，总产量1341.29万吨，占全国的8.35%，居全国第5位。此外，棉花和油料均居全国第3位，茶叶和生猪出栏均居全国第5位，是我国中部的农业大省。改革开放以来，湖北农业及农村经济发展速度快，农业及农村经济结构不断优化，全省粮食作物与经济作物的比重由“九五”期间的65∶35调整到55∶45，优质稻面积由20%上升到60%，“双低”优质油菜占油菜总面积的比重由10%增加到80%，初步形成了区域化种植，油菜、淡水鱼产品、稻谷、

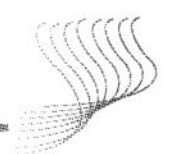

蔬菜、生猪、柑橘6大农产品在全国的规模优势（在全国均位居前6位）和比较优势进一步凸显。此外，湖北相对于东部沿海省份第二产业发展水平较低，生产过程中的污染排放相对较轻，鄂西北山地、鄂北岗地贴近我国西部地区，生态环境优良，发展绿色农业，建设绿色示范基地具有良好的环境条件。

4. 湖北发展绿色农业，建设现代绿色农业中心的思路和对策

（1）初步思路

湖北是农业大省，具有得天独厚的资源优势和地域区位优势，以及相对较强的科技人才优势和经济基础，发展绿色农业，建成现代绿色农业中心，可以促进和带动我国农业从产品数量型农业向质量效益型农业转轨。通过绿色农业的发展和现代绿色农业中心的建设，使湖北省的农业及农产品加工业效益全面提高，农产品的质量分别在5年内达到行业标准、地方标准和国家标准，逐步建立和形成无公害农产品、绿色农产品、有机农产品的技术标准，并颁布实施这些标准，使农产品的国内市场占有率5年提高3个百分点，国际市场创汇额3年翻一番，农民人均纯收入5年平均每年增长100元，创造研制10～15项绿色农业新品种或新技术，使绿色农业技术的覆盖面达到80%以上。

（2）主要对策

一是建设绿色农业技术研发与推广中心。发展绿色农业，关键靠技术，科技创新与推广是农业可持续发展的根本动力。建设绿色农业技术研发机构，在今后相当长一段时间内有关高等院校和科研院所，应致力于绿色农业技术的研究与开发。运用细胞工程、遗传工程和生物技术，开发优质品种，扩大应用面；加强高效、低毒、低残留农药、化肥和新型饲料添加剂、抗生素等绿色投入物的研究，调整农药化肥结构，积极开展畜禽免疫技术的研究和各种疫苗的开发、推广及应用，改善农业生产方式。注重各项技术的组装配套，发挥综合效应。加强绿色农业技术的推广，将技术创新成果转化为现实生产力。

二是建设绿色食品生产基地。绿色食品生产基地建设，是发展绿色农业的基础。坚持“因地制宜，特色鲜明，重点突出”的原则，规划好全省粮、棉、油、畜牧、水产、林果、蔬菜、茶叶、花卉等的发展基地，采取公司（企业）+基地+农户的组织模式，重点将湖北省的十大名米、十大名茶、十大名果、名特优蔬菜、水产品、畜禽产品和山区的野菜资源开发成为绿色食品，围绕主导产品建成水产品、畜产品、粮棉油、果菜茶四类生产基地。建成三个梯度的绿色食品生产基地：在城市郊区要大力发展蔬菜生产基地，在江汉平原和长江、汉江沿线建设绿色食品基地，在大别山区、秦巴山区和武陵山区建设有机食品基地。

三是培育与支持一批具有市场竞争力的加工、运销型龙头企业。绿色农业的

发展和绿色农产品的形成，在加工环节至关重要，储藏、包装、运销环节的功能不可忽视，而这一切都有赖于龙头企业的发展。制定政策和资金支持措施，支持龙头企业创建绿色食品品牌，进行质量安全体系建设，开拓市场，进行营销网络建设。

四是建设绿色食品市场体系和营销中心。绿色食品的市场流通和销售是否顺畅直接影响产品的经济效益，必须建设好绿色食品的市场体系和营销网络。在湖北省农副产品批发市场的基础上，专门开辟绿色食品专业批发市场板块，使之成为绿色食品的集散中心；建立绿色食品营销中心，与绿色食品需求较高的城市建立绿色食品的直供、直销市场，加快绿色食品的顺畅流通；开拓武汉与全国其他大中城市的“绿色通道”，与其他农副产品批发市场建立绿色食品购销关系。

五是建立绿色农业监督管理中心。建立绿色农业监督管理中心，包括对绿色农产品的全程监管和绿色食品的市场监管，为绿色食品生产提供质量保障。加大绿色农产品生产技术标准的实施力度，指导农产品生产者、经营者严格按照标准组织生产和加工，提高农产品分级、包装、保鲜、贮藏等加工标准化水平，确保上市农产品质量符合国家有关标准。

六是建议国家和省市政府加大对现代绿色农业中心的支持力度。加大对绿色食品认证、绿色食品市场开发、绿色食品生产基础设施、绿色农业技术研发等的资金支持。建议对绿色食品的科研开发项目优先立项，重点扶持，促进绿色食品的技术开发，辐射、带动全国绿色农业技术的发展。

（本文选自 2006 年咨询报告）

咨询组成员名单

叶朝辉	中国科学院院士	中国科学院武汉分院
刘建康	中国科学院院士	中国科学院水生生物研究所
李德仁	中国科学院院士	武汉大学
杨叔子	中国科学院院士	华中科技大学
李培根	中国科学院院士	华中科技大学
赵梓森	中国科学院院士	武汉邮电科学研究院
张启发	中国科学院院士	华中农业大学
傅廷栋	中国科学院院士	华中农业大学
蔡述明	研究员	中国科学院测量与地球物理研究所
朱家兴	研究员	武汉邮电科学研究院
唐良智	研究员	武汉东湖新技术开发区管理委员会

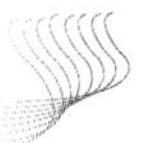

邹德文	研究员	武汉东湖新技术开发区管理委员会
陈要军	研究员	武汉东湖新技术开发区战略发展研究院
王延觉	教　授	华中科技大学
李　斌	教　授	华中科技大学
林奕鸿	教　授	华中科技大学
张金龙	教　授	华中科技大学
李作清	教　授	武汉沌口经济技术开发区
严　俊	高级工程师	武昌造船厂
汤　敏	高级工程师	中国船舶重工股份有限公司武汉船用机械有限责任公司（461 厂）
李永周	教　授	武汉科技大学
陈继勇	教　授	武汉大学
朱　庆	教　授	武汉大学
陶德馨	教　授	武汉理工大学
佘　廉	教　授	武汉理工大学
邓秀新	教　授	华中农业大学
王雅鹏	教　授	华中农业大学
解绶启	研究员	中国科学院水生生物研究所
李钟杰	研究员	中国科学院水生生物研究所
郭胜伟	副研究员	武汉东湖新技术开发区管理委员会
何报寅	副研究员	中国科学院测量与地球物理研究所
俞平凡	院长助理	中国科学院武汉分院